"十三五"国家重点图书出版规划项目

中华农圣贾思勰与《齐民要术》研究丛书

齐民要术之农具沿革研究

杨锡林
葛汝凤 编著

中国农业科学技术出版社

图书在版编目（CIP）数据

《齐民要术》之农具沿革研究／杨锡林，葛汝凤编著．—北京：中国农业科学技术出版社，2017.7

（中华农圣贾思勰与《齐民要术》研究丛书）

ISBN 978-7-5116-2915-9

Ⅰ．①齐…　Ⅱ.①杨…②葛…　Ⅲ.①农学-中国-北魏 ②《齐民要术》-研究③农具-技术史-中国　Ⅳ.①S-092.392 ②S22-092

中国版本图书馆 CIP 数据核字（2016）第 318056 号

责任编辑	闫庆健　范　潇
责任校对	贾海霞

出 版 者	中国农业科学技术出版社 北京市中关村南大街 12 号　邮编：100081
电　　话	（010）82106625（编辑室）　（010）82109704（发行部） （010）82109709（读者服务部）
传　　真	（010）82106625
网　　址	http://www.castp.cn
经 销 者	各地新华书店
印 刷 者	北京科信印刷有限公司
开　　本	710 mm×1 000 mm　1/16
印　　张	20.5
字　　数	390 千字
版　　次	2017 年 7 月第 1 版　2017 年 7 月第 1 次印刷
定　　价	65.00 元

作者简介

　　杨锡林，1962 年 9 月出生，大学文化程度，寿光齐民要术研究会会员，现从事农业（农机）管理工作。先后在《山东农机》《山东农机化》《农业资源与区划》《拖拉机、汽车驾驶员》《农业机械》《农村机械化》《中国农机化报》《中国农机使用与维修》《经济日报》和《中国农机化信息网》等发表文章、论文，参编《县长决策支持系统设计与应用》，其中在《中国农机使用与维修》杂志上发表的《寿光市农机维修现状与发展探讨》获 2011 年度全国优秀论文一等奖。

　　葛汝凤，女，1962 年 8 月出生，山东寿光人，寿光齐民要术研究会理事。1983 年参加工作，曾供职于教育战线、乡镇党委、商业系统、寿光日报社，现专业从事史志的编纂工作。先后主编《寿光市优秀党支部书记风采录》《奉献在基层》《勇立潮头铸辉煌》《北洋头党史》《北洋头村志》《地沟村志》《寿光市生态农业观光园建设志》《中国农具》《海惠公司志》等多部书籍，参编了中国（寿光）国际蔬菜博览会第四、第五、第六届《会刊》。主编的《北洋头村志》《地沟村志》先后荣获"农圣文化奖出版奖"。

中华农圣贾思勰与《齐民要术》研究 丛书

编撰委员会

主　　编　李昌武　刘效武
副 主 编　薛彦斌　李兴军　孙有华
编　　委　(按姓氏笔画为序)

于建慧　王　朋　王红杰　王金栋　王思文　王继林
王敬礼　朱在军　朱振华　刘　曦　刘子祥　刘长政
刘玉昌　刘玉祥　刘金同　孙仲春　孙安源　杨志强
杨现昌　杨维国　李美芹　李冠桥　李桂华　李海燕
宋峰泉　张子泉　张凤彩　张砚祥　张恩荣　张照松
陈伟华　邵世磊　林聚家　国乃全　周衍庆　郎德山
赵世龙　胡立业　胡国庆　信俊仁　信善林　耿玉芳
夏光顺　柴立平　郭龙文　黄　朝　黄本东　崔永峰
崔政泵　葛汝凤　葛怀圣　董宜顺　董绳民　焦方增
舒　安　蔡英明　魏华中

校　　订　王冠三　魏道揆　刘东阜　侯如章

学术顾问组织

中国科学院

中国农业科学院

中国农业历史学会

中华农业文明研究院

中国农业历史文化研究中心

农业部农村经济研究中心

山东省农业科学院

山东省农业历史学会

序 一

　　《齐民要术》是我国现存最早、最完整的一部古代综合性农学巨著，在中国传统农学发展史上是一个重要的里程碑，在世界农业科技史上也占有非常重要的地位。

　　《齐民要术》共 10 卷，92 篇，11 万多字。全书"起自耕农，终于醯醢，资生之业，靡不毕书"，规模巨大，体系完整，系统地总结了公元 6 世纪以前黄河中下游旱作地区农作物的栽培技术、蔬菜作物的栽培技术、果树林木的栽培技术、畜禽渔业的养殖技术以及农产品加工与贮藏、野生植物经济利用等方面的知识，是当时我国最全面、系统的一部农业科技知识集成，被誉为中国古代第一部"农业百科全书"。

　　《齐民要术》研究会组织包括高校科研人员、地方技术专家等 20 多人在内的精干力量，凝心聚力，勇担重任，经过三年多的辛勤工作，完成了这套近 400 万字的《中华农圣贾思勰与〈齐民要术〉研究丛书》。该《丛书》共三辑 15 册，体例庞大，内容丰富，观点新颖，逻辑严密，既有贾思勰里籍考证、《齐民要术》成书背景及版本的研究，又有贾思勰农学思想、《齐民要术》所涉及农林牧渔副等各业与当今农业发展相结合等方面的研究创新。这些研究成果与我国农业当前面临问题和发展的关系密切，既能为现代农业发展提供一些思路和有益参考，又很好地丰富了传统农学文化研究的一些空白，可喜可贺。可以说，这是国内贾思勰与《齐民要术》研究领域的一部集大成之作，对传承创新我国传统农耕文化，服务现代农业发展将发挥积极的推动作用。

　　《中华农圣贾思勰与〈齐民要术〉研究丛书》能得到国家出版基金资助，列入"十三五"国家重点图书出版规划项目，进一步证明了该《丛书》的学术价

值与应用价值。希望该《丛书》的出版能够推动《齐民要术》的研究迈上新台阶；为推进现代农业生态文明建设，实现农业的可持续发展提供有益的借鉴；为传承和弘扬中华优秀传统文化，展现中华民族的精神文化瑰宝，提升中国的文化软实力发挥作用。

中国工程院副院长　
中国工程院院士

2017 年 4 月

序 二

    中国是世界四大文明古国之一，也是世界第一农业大国。我国用不到世界9%的耕地，养活了世界21%的人口，这是举世瞩目的巨大成绩，赢得世人的一致称赞。对于我国来说，"食为政首""民以食为先"，解决人的温饱是最大问题，也是我国的特殊国情，所以，从帝制社会开始，历朝历代，都重视农业，把农业作为"资生之业"，同时又将农业技术的改良、品种的选优等放在发展农业的优先位置，这方面的成就是为世界公认的，并作为学习的榜样。

    中华农圣贾思勰所撰农学巨著《齐民要术》，是每位农史研究者必读书目，在国内外影响极大，有很多学者把它称为"中国古代农业的百科全书"。英国著名科学家达尔文撰写《物种起源》时，也强调其重要性，在有些篇章有些字句里面，也引用了《齐民要术》和中国农书的一些重要成果，对它给予充分肯定。研究中国农业，《齐民要术》是一座绕不开的丰碑。《齐民要术》是古代完整的、全面的农业著作，内容相当丰富，从以下几方面，可以看出贾思勰的历史功绩。

    在农作物的栽培技术方面，他详细记叙了轮作与间作套种方法。原始农业恢复地力的方法是休闲，后来进步成换茬轮作，避免在同一块地里连续种植同一作物所引起的养分缺乏和病虫害加重而使产量下降。在这方面，《齐民要术》记述了20多种轮作方法，其中最先进的是将豆科作物纳入轮作周期。在当时能认识到豆科植物有提高土壤肥力的作用，是农业上很大的进步，这要比英国的绿肥轮作制（诺福克轮作制）早1 200多年。间作套种是充分利用光能和地力的增产措施，《齐民要术》记述着十几种做法，这反映了当时间作套种技术的成就。

    对作物播种前种子的处理，提出了泥水选种、盐水选种、附子拌种、雪水浸种等方法，这都是科学的创见。特别是雪水浸种，以"雪是五谷之精"提出观点，事实上，雪水中重水含量少，能促进动植物的新陈代谢（重水是氢的同位素重氢和氧化合成的水，对生物体的生长发育有抑制作用），科学实验证明，在温室中用雪水浇灌，可使黄瓜、萝卜增产两成以上。这说明在 1 400 多年前劳动人民已从实践中觉察到雪水和普通水的不同作用，实为重要的发现。在《收种第二》篇中，对选种育种更有一整套合乎科学道理的方法："粟、黍、穄、梁、秫，常岁岁别收，选好穗纯色者，劁刈高悬之，至春治取，别种，以拟明年种子。其别种种子，常须加锄。先治而别埋，还以所治囊草蔽窖。不尔，必有为杂之患。"这里所说的，就是我们沿用至今的田间选种、单独播种、单独收藏、加工管理的方法。

《齐民要术》记载了我国丰富的粮食作物品种资源。粟的品种 97 个，黍 12个，穄 6 个，梁 4 个，秫 6 个，小麦 8 个，水稻 36 个（其中糯稻 11 个）。贾思勰根据品种特性，分类加以命名。他对品种的命名采用三种方式：一是以培育人命名，如"魏爽黄""李浴黄"等；二是"观形立名"，如高秆、矮秆、有芒、无芒等；三是"会义为称"，即据品种的生理特性如耐水、抗虫、早熟等命名。他归纳的这三种命名方式，直到现在还在使用。

在蔬菜作物的栽培技术方面，成就斐然。《齐民要术》第 15~29 篇都是讲的蔬菜栽培。所提到的蔬菜种类达 30 多种，其中约 20 种现在仍在继续栽培，寿光市现在之所以蔬菜品种多、技术好、质量高，与此不无传承关系。《齐民要术》在《种瓜第十四》篇中，提到种瓜"大豆起土法"，这是在种瓜时先用锄将地面上的干土除去，再开一个碗口大的土坑，在坑里向阳一边放 4 颗瓜子、3 颗大豆，大豆吸水后膨胀，子叶顶土而出，瓜子的幼芽就乘势省力地跟着出土，待瓜苗长出几片真叶，再将豆苗掐断，使断口上流出的水汁，湿润瓜苗附近的土壤，这种办法，在 20 世纪 60—70 年代还被某外国农业杂志当作创新经验介绍，殊不知贾思勰在 1 400 年前就已经发现并总结入书了。又如，从《种韭第二十二》篇可以看出，当时的菜农已经懂得韭菜的"跳根"现象，而采取"畦欲极深"和及时培土的措施来延长采割寿命。这说明那时的贾思勰对韭菜新生鳞茎的生物学特点已经有所认识。再如，对韭菜新陈种籽的鉴别，采用了"微煮催芽法"来检验，"微煮"二字非常重要，这一方法延续到现在。

在果树栽培方面，《齐民要术》写到的品种达 30 多种。这些果树资料，对世界各国果树的发展起过重要作用。如苏联的植物育种家米丘林和美国、加拿大的植物育种家培育的寒带苹果，都是用《齐民要术》中提到的海棠果作亲本培育成功的。在果树的繁殖上贾思勰记载了数种嫁接技术。为使果类增产，他还提出"嫁枣"（敲打枝干）、疏花的措施，以减少养分的虚耗，促多坐果，这是很有见地的。

在养殖业方面，《齐民要术》从大小牲畜到各种鱼类几乎都有涉猎，记之甚详，特别大篇幅强调了马的饲养。从养马、相马、驯马、医马到定向选育、培育良种都作了科学的论述，现在世界各国的养马业，都继承了这些理论和方法，不过更有所提高和发展罢了。

在农产品的深加工方面，记述的餐饮制品从酒、酱到菜肴、面食等，多达数百种，制作和烹饪方法多达20余种，都体现了较高的科技水平。在《造神曲并酒第六十四》篇中的造麦曲法和《笨曲并酒第六十六》篇中的三九酒法，记载着连续投料使霉菌得到深层培养，以提高酒精浓度和质量的工艺，这在我国酿酒史上具有重要意义。

贾思勰除了在农业科学技术方面有重大成就外，还在生物学上有所发现。如对植物种间相互抑制或促进的认识和利用以及对生物遗传性、变异性和人工选择的认识和利用等。达尔文《物种起源》第一章《家养状况下的变异》中提到，曾见过"一部中国古代的百科全书"，清楚地记载着选择，经查证这部书就是《齐民要术》。总之，《物种起源》和《植物和动物在家养下的变异》中都参阅过这部"中国古代百科全书"，六次提及《齐民要术》，并援引有关事例作为他的著名学说——进化论佐证。如今《齐民要术》更是引起欧美学者的极大关注和研究，说它"即使在世界范围内也是卓越的、杰出的、系统完整的农业科学理论与实践的巨著。"

达尔文在《物种起源》中谈到人工选择时说："如果以为这种原理是近代的发现，就未免与事实相差太远。在一部古代的中国百科全书中，已有关于选择原理的明确记述。""农学家们的普遍经验具有某种价值，他们常常提醒人们当把某一地方产物试在另一地方栽培时要慎重小心。中国古代农书作者建议栽培和维持各个地方的特有品种。"达尔文说："在上一世纪耶稣会士们出版了一部有关中国的大部头著作，这部著作主要是根据古代中国百科全书编成的。关于绵羊，书中说'改良品种在于特别细心地选择预定作繁殖之用的羊羔，对它们善加饲养，保持羊群隔离。'中国人对于各种植物和果树也应用了同样的选择原理。""物种能适应于某种特殊风土有多少是单纯由于其习性，有多少是由于具备不同内在体质的变种之自然选择，以及有多少是由于两者合在一起的作用，却是个朦胧不清的问题。根据类例推理和农书中甚至古代中国百科全书中提出的关于将动物从一个地区迁移至另一地区饲养时要极其谨慎的不断忠告，我应当相信习性有若干影响的说法。"

李约瑟是英国近代生物化学家和科学技术史专家、原英国皇家学会会员（FRS）、原英国学术院院士（FBA）、剑桥大学李约瑟研究所创始人，其所著《中国的科学与文明》（即《中国科学技术史》）对现代中西文化交流影响深远。李约瑟评价说："中国文明在科学史中曾起过从未被认识的巨大作用，在人类了解自然和控制自然方面，中国有过贡献，而且贡献是伟大的。"李约瑟及其助手白馥兰，对贾思勰的身世背景作了叙述，侧重于《齐民要术》的农业技术体系构建，就种植制度、耕作水平、农器组配、养畜技艺、加工制作以及中西农耕作业的比较进行了阐述，并指出："《齐民要术》是完整保留至今的最早的中国农书，其行文简明扼要，条理清晰，所述技术水平之高，更臻完美。其结果是这本著作长期使用至今还基本上是完好无损。""《齐民要术》所包含的技术知识水平在后来鲜少被超越。"

日本是世界上保存世界性巨著《齐民要术》的版本最多的国家，也是非汉语国度研究《齐民要术》最深入的国家。日本学者薮内清在《中国、科学、文明》一书中说："我们的祖先在科学技术方面一直蒙受中国的恩惠，直到最近几年，日本在农业生产技术方面继续沿用中国技术的现象还到处可见。"并指出："贾思勰的《齐民要术》一书，详细地记述了华北干燥地区的农业技术，在日本，出版了这本书的译本，而且还出现了许多研究这本书的论文。"日本鹿儿岛大学原教授、《齐民要术》研究专家西山武一在《亚洲农法和农业社会》（东京大学出版会，1969）的后记中写道："《齐民要术》不仅是中国农书中的最高峰，也是最难读懂的农书之一。它宛如瑞士的高山艾格尔峰（Eiger）的悬崖峭壁一般。不过，如果能够根据近代农学的方法论搞清楚其书写的旱地农法的实态的话，那么《齐民要术》的谜团便会云消雾散。"日本研究《齐民要术》专家神谷庆治在西山武一、熊代幸雄《校订译注〈齐民要术〉》的"序文"中就说，《齐民要术》至今仍有惊人的实用科学价值。"即使用现代科学的成就来衡量，在《齐民要术》这样雄浑有力的科学论述前面，人们也不得不折服。在日本旱地农业技术中，也存在春旱、夏季多雨等问题，而采取的对策，和《齐民要术》中讲述的农学原理有惊人的相似之处"。神谷庆治在论述西洋农学和日本农学时指出："《齐民要术》不单是千百年前中国农业的记载，就是从现代科学的本质意义上来看，也是世界上的农书巨著。日本曾结合本国的实际情况和经验，加以比较对照，消化吸收其书中的农学内容"。日本农史学家渡部武教授认为："《齐民要术》真可以称得上集中国人民智慧大成的农书中之雄，后世几乎所有的中国农书或多或少要受到《齐民要术》的影响，又通过劝农官而发挥作用。"日本学者山田罗谷评价说："我从事农业生产三十余年，凡是民家生产上生活上的事，只要向《齐民要术》求教，依照着去做，经过历年的试行，没有一件不成功的。尤其关于农业生产的切实指导，可以和老农的宝贵经验媲美的，只有这部书。所以要特为译成日文，并加上注释，刊成新书行世。"

《齐民要术》在中国历朝历代，更被奉为至宝。南宋的葛祐之在《齐民要术后序》中提到，当时天圣中所刊的崇文院版本，不是寻常人可见，藉以称颂张辚能刊行于州治，"欲使天下之人皆知务农重谷之道"。《续资治通鉴长编》的作者南宋李焘推崇《齐民要术》，说它是"在农家最翘然出其类"。明代著名文学家、思想家、哲学家，明朝文坛"前七子"之一，官至南京兵部尚书、都察院左都御史的王廷相，称《齐民要术》为"惠民之政，训农裕国之术"。20世纪30年代，我国一代国学大师栾调甫称《齐民要术》一书："若经、若史、若子、若集。其刻本一直秘藏于皇家内库，长达数百年，非朝廷近人不可得。"著名经济史学家胡寄窗说："贾思勰对一个地主家庭所须消费的生活用品，如各种食品的加工保持和烹调方法；如何养鱼养马；甚至连制造笔墨及其原材料等所应具备的知识，无不应有尽有。其记载周详细致的程度，绝对不下于举世闻名的古希腊色诺芬为教导一个奴隶主如何管理其农庄而编写的《经济论》。"

寿光是贾思勰的故里，我对寿光很有感情，也很有缘源，与其学术活动和交流十分频繁。2006年4月，我应中国（寿光）国际蔬菜博览会组委会、潍坊科技职业学院（现潍坊科技学院）、寿光市齐民要术研究会的邀请，来到著名的中国蔬菜之乡寿光，参观了第七届中国（寿光）国际蔬菜博览会，感到非常震撼，与会"《齐民要术》与现代农业高层论坛"，我在发言中说："此次来到中国蔬菜之乡和贾思勰的故乡，受益匪浅。《齐民要术》确实是每个研究农学史学者必读书目，在国内外影响非常之大，有很多学者把它称为是中国古代农业的百科全书，我们知道达尔文写进化论的时候，他也在书中强调，在有些篇章有些字句里面，也引用了《齐民要术》和中国农书的一些重要成果，对它给予充分肯定。《齐民要术》研究和现代农业研究结合起来，学习和弘扬贾思勰重农、爱农、富农的这样一个思想，继承他这种精神财富，来建设我们的新农村，是一个非常重要的主题。寿光这个地方有着悠久的传统，在农业方面有这样的成就，古有贾思勰、今有寿光人，古有《齐民要术》、今有蔬菜之乡，要把这个资源传统优势发挥出来"。2006 年 5 月，潍坊科技职业学院副院长薛彦斌博士前往南京农业大学中华农业文明研究院，我带领薛院长参观了中华农业文明研究院和古籍珍本室，目睹了中华农业文明研究院馆藏镇馆之宝——明嘉靖三年马直卿刻本《齐民要术》，薛院长与我、沈志忠教授一起商议探讨了《〈齐民要术〉与现代农业高层论坛论文集》的出版事宜，决定以 2006 年增刊形式，在 CSSCI 核心期刊《中国农史》上发表。2006 年 9 月，我与薛院长又一道同团参加了在韩国水原市举行的、由韩国农业振兴厅与韩国农业历史学会举办的"第六届东亚农业史国际研讨会"，来自中韩日三国的 60 余名学者参加了学术交流，进一步增进了潍坊科技学院与南京农业大学之间的了解和学术交流。2015 年 7 月，寿光市齐民要术研究会会长刘效武教授、副会长薛彦斌教授前往南京农业大学中华农业文明研究院，与我、沈志忠教授一起，商议《中华农圣贾思勰与〈齐民要术〉研究丛书》出版前期事宜，我十分高兴地为该丛书写了推荐信，双方进行了深入的学术座谈、并交换了学术研究成果。2016 年 12 月，薛院长又前往南京农业大学中华农业文明研究院，向我颁发了潍坊科技学院农圣文化研究中心学术带头人和研究员聘书，双方交换了学术研究成果。寿光市齐民要术研究会作为基层的研究组织，多年来可以说做了大量卓有成效的优秀研究工作，难能可贵。特别是此次，聚心凝力，自我加压，联合潍坊科技学院，推出这项重大研究成果——《中华农圣贾思勰与〈齐民要术〉研究丛书》，即将由中国农业科学技术出版社出版，并荣获国家新闻出版广电总局 2016 年度国家出版基金资助，入选"十三五"国家重点图书出版规划项目，可喜可贺。在策划和写作过程中，刘效武教授、薛彦斌教授始终与我保持着学术联系和及时沟通，本人有幸听取该丛书主编刘效武教授、薛彦斌教授对丛书总体设计的口头汇报，又阅读"三辑"综合内容提要和各分册书目中的几册样稿，觉得此套丛书的编辑和出版十分必要、非常适时，它既梳理总结前段国内贾学研究现状，又用大量现代农业创新案例展示它的博大精深，同时也填补了国内这一领域中的出版空白。该丛书作为研读《齐民要术》宝库的重要参考书之一，从立体上挖掘了这部世界性农学巨著的深度和广度。丛书从全方位、多角度进行了比较详细的探讨和研究，形成三辑 15 分册、近 400 万字的著述，内容涵盖了贾思勰与《齐民要术》研读综述、贾思勰里籍及其名著成书背景和历史价值、《齐民要术》版本及其语言、名物解读、《齐民要术》传承与实践、贾思勰故里现代农业发展创新典型等方方面面，具有"内容全面""地域性浓""形式活泼"等特色。所谓内容全面：既考订贾思勰里籍和《齐民要术》语言层面的解读，同时也对农林牧副渔如何传承《齐民要术》进行较为全面的探讨；地域性浓：即指贾思勰故里寿光人探求贾学真谛的典型案例，从王乐义"日光温室蔬菜大棚"诞生，到"果王"蔡英明——果树"一边倒"技术传播，再到庄园饮食——"齐民大宴"，及"齐民思酒"的制曲酿造等，突出了寿光地域特色，展示了现代农业的创新成果；形式活泼：即指"三辑"各辑都有不同的侧重点，但分册内容类别性质又有相同或相近之处，每分册的语言尽量做到通俗易懂，图文并茂，以引起读者的研读兴趣。

鉴于以上原因，本人愿意为该丛书作序，望该套丛书早日出版面世，进一步弘扬中华农业文明，并发挥其经济效益和社会效益。

（南京农业大学中华农业文明研究院院长、教授、博士生导师）

2017 年 3 月

序 三

　　寿光市位于山东半岛中北部，渤海莱州湾南畔，总面积2 072平方千米，是"中国蔬菜之乡""中国海盐之都"，被中央确定为改革开放30周年全国18个重大典型之一。

　　寿光乾坤清淑、地灵人杰。有7 000余年的文物可考史，有2 100多年的置县史，相传秦始皇筑台黑冢子以观沧海，汉武帝躬耕汩淀湖教化黎民，史有"三圣"：文圣仓颉在此创造了象形文字、盐圣夙沙氏开创了煮海为盐的先河，农圣贾思勰著有世界上第一部农学巨著《齐民要术》，在这片神奇的土地上，先后涌现出了汉代丞相公孙弘、徐干，前秦丞相王猛，南北朝文学家任昉等历史名人，自古以来就有"衣冠文采、标盛东齐"的美誉。

　　食为政之首，民以食为天。传承先贤"苟日新，日日新，又日新"的创新基因，勤劳智慧的寿光人民以"敢叫日月换新天"的气魄与担当，栉风沐雨、自强不息，创造了一个又一个绿色奇迹，三元朱村党支部书记王乐义带领群众成功试种并向全国推广了冬暖式蔬菜大棚，连续举办了17届中国（寿光）国际蔬菜科技博览会，成为引领现代农业发展的"风向标"。近年来，我们深入推进农业供给侧结构性改革，大力推进旧棚改新棚、大田改大棚"两改"工作，蔬菜基地发展到近6万公顷，种苗年繁育能力达到14亿株，自主研发蔬菜新品种46个，全市城乡居民户均存款15万元，农业成为寿光的聚宝盆，鼓起了老百姓的钱袋子，贾思勰"岁岁开广、百姓充给"的美好愿景正变为寿光大地的生动实践。

　　国家昌泰修文史，披沙拣金传后人。贾思勰与《齐民要术》研究会、潍坊科技学院等单位的专家学者呕心沥血、焚膏继晷，历时三年时间撰写的这套三辑

15分册，近400万字的《中华农圣贾思勰与〈齐民要术〉研究丛书》即将面世了，丛书既有贾思勰思想生平的旁求博考，又有农圣文化的阐幽探赜，更有农业前沿技术的精研致思，可谓是一部研究贾思勰及农圣文化的百科全书。时值改革开放40周年之际，它的问世可喜可贺，是寿光文化事业的一大幸事，也是贾学研究具有里程碑意义的一大盛事，必将开启贾思勰与《齐民要术》研究的新纪元。

　　抚今追昔，意在登高望远；知古鉴今，志在开拓未来。寿光是农业大市，探寻贾思勰及农圣文化的精神富矿，保护它、丰富它并不断发扬光大，是我们这一代人义不容辞的历史责任。当前，寿光正处在全面深化改革的历史新方位，站在建设品质寿光的关键发展当口，希望贾思勰与《齐民要术》研究会及各位研究者，不忘初心，砥砺前行，以舍我其谁的使命意识、只争朝夕的创业精神、踏石留印的务实作风，"把跨越时空、超越国度、富有永恒魅力、具有当代价值的文化精神弘扬起来"，继续推出一批更加丰硕的理论成果，为增强国人的道路自信、理论自信、制度自信、文化自信提供更加坚实的学术支持，为拓展农业发展的内涵与深度不断添砖加瓦，为在更高层次上建设品质寿光作出新的更大贡献！

（中共寿光市委书记）

2017 年 3 月

前　言

　　《齐民要术》是我国 6 世纪时北魏农学家、寿光先贤贾思勰于北魏末年（约公元 533—544 年）所撰写的一部农学巨著，它是我国现存最早最完整的古代农学名著，也是世界科学文化宝库中的珍贵典籍。全书约 11.2 万字，除"序"和卷首的"杂说"外，共分 10 卷 92 篇，书中内容十分丰富，"起自耕农，终于醯醢，资生之业，靡不毕书"，全面总结了中国当时北方农业生产技术的成就，介绍了农作物的选种、浸种、施肥、轮作、储存等精耕细作的方法，传授了一些谷物、果树、蔬菜和林木栽培的经验，记述了家禽、家畜、鱼、蚕的饲养技术，从农副产品的加工酿造到畜禽疫病的防治均有详细记述。

　　《齐民要术》所记载内容几乎涵盖了我国传统农业的所有领域，不仅在当时对我国的农业生产起到了巨大的推动作用，而且对后世产生了恒久而深远的影响。以现代化科学的眼光来判断，绝大多数都是正确无误且经得起考验的，其内容之精彩丰富，资料之完整翔实，堪称是农家最实用的百科全书。

　　《齐民要术》几乎对所有农业活动都做了详细论述，其中所包含的信息已经远远超出了农业活动的本身，如在论述耕作、种植、加工等活动时涉及了耒耜、斧、犁、耙、耧、锄、铲、锹、镰、箔、釜、簸、罗、杵、槌、甑、瓮、臼等多种农业生产工具，《齐民要术》因此也自然成为当时我国历史上记载农业生产工具种类最多的一部重要文献。

　　就农业生产工具的使用来说，它也和其他事物一样，有其产生、发展、完善的过程，若用现代的治农理论去寻根求源的话，只要研究一下《齐民要术》就可以发现，农业生产工具的不断地演变，有效地推动了社会的进步，并使得农业一步步向现代化发展。

　　当下，我国农业生产已进入机械化生产的新时代，那些曾经让面朝黄土背朝天的农民辉煌和骄傲、成为农业符号的传统农具，正被滚滚而来的农业机械所淹没，镰刀、锄头、犁铧、耙、脚踩打谷机……这些从前常用的传统农具，正逐渐从现代农民的生活中消失。为使更多的人能了解我国农业生产工具的发展历史，感受我国悠久灿烂的农业文化，我们以《齐民要术》所述农具为基础，重点对我国农业生产工具的发展情况进行了深入研究，并通过系统整理，编写了这本包括耕翻农具、整地农具、种植工具、中耕工具、排灌工具、施肥工具、植保工具、收获工具、运输工具、称量工具、加工工具、盛装工具以及其他工具等内容的专辑，希望专辑给大家提供更多生产工具的信息，成为一部较为实用的工具书。

编著者

2016 年 12 月

目 录

总 述

　　"工欲善其事，必先利其器"。人类从刀耕火种的远古发展到今天，创造出如此辉煌灿烂的文明，很显然和发明及使用工具是分不开的。故而《齐民要术》一书在谈到耕作技术的时候，并没有开篇就直接介绍耕作技术，而是首先提到了耒耜、锄、斧、耨、犁、铧、铁齿楱、耢、耱、耧等重要农具，可见工具对于农业发展的重要意义。

　　我国自古以农立国，在其悠久的发展史上，创制发明的各种类型的农具成为传统文化之母农业文化的重要元素。

　　我国幅员辽阔，各地农业活动特色鲜明，受地域环境、文化等因素的影响，用于农事活动的器具在尺寸、形状、用材等各方面千差万别。

　　农具的产生和发展是与农业的产生和发展同步进行并相互促进的，在我国漫长的发展史上，农具的发展经历了从原始农业以耒耜为代表的农具到现代农业机械体系的发展过程。

　　在原始农业时期，代表我国农具发展水平的是"耒耜"和"石犁"；沟洫农业时期（夏、商、西周、春秋），也是从原始农业到精细农业过渡时期，这个时期从农具的发展上被史学家定为"铜石时代"，农具发展水平的代表是"青铜农具"；精耕细作农业成型时期（战国、秦、汉、魏、晋、南北朝），其农业的主要特点是北方旱田精耕细作技术体系形成，农具发展水平的代表是"铁制农具"，《齐民要术》所记载的农具就是在这个时期以前我国创制使用的各种农具；精耕细作农业扩展时期（隋、唐、五代、宋、辽、金、元），其农业的主要特点是南方水田精耕细作体系形成，农具发展水平的代表是"曲辕犁""水田耙""耖""秧马"；精耕细作农业发展时期（明、清），其农业的主要特点是为适应全国性人多地少格局的形成，多熟种植的推广和耕作技术的精细化，在这个时期我国农具的形制和种类基本定型完善，多种形式的农具共存，南北相互交流融合；到了近代和现代，我国通过引进、改造，研制出多种农业机械用于农业生产，传统冷农具逐渐或被新的农业机械取代，只有少量的传统农具被保留下来并仍有使用。

我国从原始文明到现代文明，每一次里程碑式的进步及变革总会在悠悠科技长河中掀起一阵阵波澜，而每一次波澜都会催生生产技术的飞速发展，生产工具的发展也不例外。在科学技术高速发展的今天，传统手工农业渐渐向机械化转型，农业生产工具也发展到了鼎盛时期，各种各样先进的农业生产工具足可以让古人望洋兴叹。

第一章

耕翻工具

耕翻工具，是耕翻土地所用的有关农具。在《齐民要术》中，有关耕翻工具的记述出现在序、卷一、卷二、卷三、卷四、卷五等章节中，涉及耒、耜、犁（长辕犁、蔚犁）、斧、镢、铲、鲁斫、锛、锸、铁齿杷、锹、锨等数种工具。

究其耕翻工具的沿革，我们以《齐民要术》所涉及的这些工具为研究主题，经分析考证，以图文并茂的形式整理出以下内容：我国耕翻工具的发展经历了从耒耜时代到机械牵引耕作体系的发展过程。

原始农业时期，农业生产粗放，耕翻工具有耒、耜、铲，制造工具的材料主要是石质、木质或动物骨骼。

夏、商、西周、春秋时期，随着农耕方式的变革，耕翻工具不论是从用材上，还是从形制上，都在逐渐发展变化。夏代，原始农业时期的木石耕翻工具仍在广泛使用；商代，耕翻工具稍有改进，但仍以木质、石质为主，有耒、耜、铲、锛、斧、锸、镢等；西周时期，随着金属农具的出现，耕翻工具有了明显的改进，虽然耒、耜、铲、镢等仍是当时的主要工具，但其中的木器农具开始采用青铜加工制造；春秋时期，冶铁业的发展，使耕翻工具更有了质的飞跃，铁制的镢、锸以及耕犁开始应用。

战国、秦、汉、魏、晋、南北朝时期，为北方旱地农具发生、发展、完善、定型期。战国时期，冶铁业的发展和冶铁技术的进步，推动了大量铁制农具用于生产，耕翻用的铁制镢、锛、锸、锹、锨、鲁斫以及畜力犁；秦、汉时期，和着冶铁业的迅速发展的节拍，新型的耕翻农具得到不断提高和完善，占据耕翻工具重要地位的直辕犁和犁壁在这一时期基本定型；魏、晋南北朝时期，耕翻工具有了更进一步的发展，当时最主要的耕翻工具是犁，还有铁镢、耙、锸、耢，在北方旱地形成了以抗旱保墒为中心的"耕—耙—耢"整套耕作措施。

明、清时期，农业生产工具在这一时期没有重大的发展。这期间在江南地区虽然出现过代耕架，但并没有获得推广。

隋、唐、五代、宋、辽、金、元时期，为南方水田精耕细作体系形成期，这一时期农业工具有重大的发展，旱地、水田农具均已配套齐全，已达到接近完善的地步。隋、唐、五代时期，农业生产工具和生产技术进步很快，耕翻用的铁制犁、镢、锸、铲等工具得到广泛应用，特别是唐代以后，北方大量的移民将先进的农业技术带到南方，通过技术改进发明了用于水田作业的耕翻工具曲辕犁，并得到推广应用；宋、辽、金、元时期，农具有了更大的发展，一是人力翻土工具踏犁得到推广，二是唐代发明的曲辕犁得到进一步完善以及配套牛耕的牲口套（绳套和挂钩）的应用，三是适合南方水田生产的农具应运而生，在南方水田精耕细作上形成了"耕—耙—耖"一套完整的措施。

民国时期，农业生产工具没有出现质的飞越，但与明清相比，却有了一定程度的改进，具体体现在外国农具的引进和我国农具的改良上，这一时期我国开始仿制或生产一些新式农具，并开始引进机械化农具进行农田作业。

新中国成立后，党和国家领导人重视粮食生产，先后提出了"以粮为纲""农业的根本出路在于机械化""用机械装备农业，是农、林、牧三结合大发展的决定条件"，我国农机装备得到了大发展，手工或畜力农具逐渐被机械化农具取代，有的地方仅在耕翻沟头、崖岭能用到锨、镢、二齿子等人力操作的农具。从新中国成立至今，我国的农机装备水平实现了跨越式发展，耕翻工具从履带式拖拉机牵引铧犁到胶轮拖拉机牵引铧犁，直至新式的旋耕机，其形制和性能都得到不断改进。

一、耒

为单人操作的原始农业工具，是用一种较为老成坚韧的树枝制作的形如木杈的翻土农具，其通高为 6 尺 6 寸，合今 1.4 米左右。其形制如图 1-1 所示。

图 1-1　古代木耒

二、耜

古时也称为"耑"，一种由单人操作曲柄起土的翻土工具，原始翻土农具"耒耜"的下端，形状像今的铁锹和铧，最早是木制的，后发展成石质、骨质或铜质，其形制为扁状尖头，后部有銎，用以装在厚实的长条木板上。耜之通高为5寸，合今16厘米，其刃口的宽度为8寸，合今26厘米。各种材质的耜头如图1-2、图1-3、图1-4、图1-5所示。

图1-2　木耜头

图1-3　骨耜头

图 1-4　青铜双齿耙头

图 1-5　青铜耙头

三、耒耜

是犁的前身，为一种手推足蹴直插间歇式的翻土工具。耒为上部，耜为下部，把耒和耜两种农具连在一起，形如木叉，上有曲柄，下面是犁头，用以松土。由单人或双人操作，双人操作时，由一人扶耒，一人在对面拉绳，它的使用一直延续到铁农具使用的初期。其结构如图 1-6 所示。

四、铲

由单人操作的一种铲土工具，可以看作锹的前身。最早为石制或骨制，商代出现了青铜铲，到春秋时又有了铁铲。各种材质的铲如图 1-7、图 1-8 所示。

图 1-6 耒耜安装图

图 1-7 古青铜铲图

图 1-8 古铁铲

五、镢

古时也称"钁""鲁斫",现还叫"镢头",一种由单人操作刨土、开荒、碎土的多用工具。有单斜面和双斜面刃,顶端有长方銎,銎中安方木,方木上装柄,柄与外体成直角,其头刃部宽大者用于翻土和除草,狭长者用于开荒或翻耕冻土。最早见于商代铜镢,春秋战国时铁制镢使用较多,现使用的多为钢铁制品。各种形制的镢头如图 1-9、图 1-10、图 1-11 所示。

图 1-9　古代青铜镢

图 1-10　古代铁镢

图 1-11　现代铁镢

六、斧

又称"斧头"，一种多用工具，在农业上常用于砍伐作物、树木等。古有石制、青铜制、铁制之分，其石斧体较厚重，一般呈梯形或近似长方形，两面刃，磨制而成，多斜刃或斜弧刃，亦有正弧刃或平刃的，商代以后的青铜、铁制斧不但形制有所变化，用途也扩展到兵器、木制品加工等；现代斧头多为钢铁制成，以用于砍伐木材为多。各种形制的斧头如图1-12、图1-13、图1-14、图1-15所示。

图1-12　古石斧头

图1-13　古青铜斧头

图1-14　古铁斧头

图1-15　现代铁斧

七、锛

由单人操作开垦土地的农具，也用于砍伐树木，现主要用于木工作业。最初是石制的，为长方形、单面刃，商代青铜锛是平土的主要工具，春秋后又有了铁制锛。各种形制的锛头如图 1-16、图 1-17、图 1-18 所示。

图 1-16　古石锛

图 1-17　古铜锛

图 1-18　现代铁锛

八、锸

一种由单人操作用于起土、穿土、培土的多用工具。它由耒演变而来，多为凹字形，最早出现的是商代的青铜锸，到春秋时期的铁锸有了平刃、弧刃、尖刃等多种形制。锸延用的时间很长，新中国成立前后出现的三齿、四齿锸，均为熟铁锻造，其头长 30~35 厘米，其柄长约 1 米，通常用于翻掘阻力大的黑粘、茅草等土地。各种形制的锸如图 1-19、图 1-20、图 1-21 所示。

图1-19 古青铜锸

图1-20 古铁锸

图1-21 现代四齿锸

九、锹

单人操作用于翻土、平地、装卸等作业的多用工具，它由铲演变而来，由金属头和木质柄构成。锹头有圆口和方口之分，圆口的通常又称其为"锨"，锹按其形制又分为板锹、裤锹、压锹和铡锹。各种形制的锨、锹如图1-22所示。

图 1-22　铁锨、铁锹

十、镐

俗称"十字镐"，也叫"洋镐"，一种由单人操作的刨土工具，由镐头和木柄两部分构成，镐头长 35~40 厘米，一头尖，一头扁，镐柄长约 1 米，通常用于刨翻较坚硬的土地。其形制如图 1-23 所示。

图 1-23　十字镐

十一、铁齿杷

别名"带齿镢"，其齿锐而微钩，似杷非杷，劚土如搭，又名"铁搭"，为一种由单人操作的刨地工具，齿数为二至六个，以二齿、四齿居多。在牛耕出现之前，曾广泛用于南方水田翻土，用其翻土效果比犁耕的还深，且能随手将土块敲碎。各种形制的铁齿杷如图 1-24、图 1-25 所示。

十二、犁

耕地的工具，犁头有尖利的铧，以划土。按其牵引方式分为传统的人力或畜力犁和新型的机动犁。传统的人力或畜力犁是由耒耜演变而来的，最初是由一种

图 1-24 二齿杷

图 1-25 四齿杷

原始双刃三角形石器发展起来的，被称作"石犁"，商代出现了青铜铧犁，春秋时期开始有铁犁，汉代又出现了直辕犁，到唐代出现了由直辕犁改进的适合于水田的曲辕犁，到清代晚期有的耕犁改用了铁辕，新中国成立后先后用上了新式步犁、双轮双铧犁和双轮单铧犁，其中旧式木犁、新式步犁一般采用两头牛来牵引，新式铧犁多采用两匹骡马或是三头牛牵拉；新型的机动犁是在畜力犁的基础上发展起来的，最初应用是在 1915 年，黑龙江呼玛的三大公司，从美国万国公司海参崴分公司购入拖拉机（当时称为火犁）5 部，这是我国引进拖拉机的最早记录。新中国成立后机械化犁具得到逐步推广，铧式犁、翻转犁、圆盘犁、凿式犁、旋耕机、耕整机（水田、旱田）、微耕机、田园管理机、开沟机（器）、深松机、水田机滚船、水田机耕船、联合整地机等先后在农业上得到广泛应用。各种形制的犁其结构如图 1-26、图 1-27、图 1-28、图 1-29、图 1-30、图 1-31、图 1-32、图 1-33、图 1-34、图 1-35、图 1-36、图 1-37、图 1-38、图 1-39、图 1-40、图 1-41、图 1-42、图 1-43、图 1-44、图 1-45、图 1-46、图 1-47、图 1-48、图 1-49 所示。

图 1-26 古石犁头

图 1-27　古青铜犁冠

图 1-28　古铁犁冠

图 1-29　古直辕犁

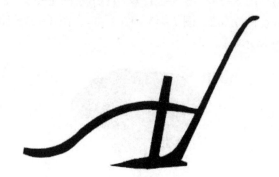

图 1-30　古曲辕犁

图 1-31　古铁辕犁

图 1-32　七寸步犁

图 1-33　新式铁犁

图 1-34　单轮单铧犁

图 1-35　双轮单铧犁

图 1-36　双轮双铧犁

图 1-37　牵引式四铧犁

图 1-38　悬挂式四铧犁

图 1-39　翻转犁

图 1-40　圆盘犁

图 1-41　凿式犁

图 1-42　旋耕机

图 1-43　耕整机

图 1-44　微耕机

图 1-45　开沟机

图 1-46　深松机

图1-47　机滚船

图1-48　机耕船

图1-49　联合整地机

十三、牲口套

　　一种牛、骡、马等牲畜耕地用的组合套装工具，分牛套与骡、马套两种。牛套由牛梭子、绠（即牛套粗绳）和套绊子三大件组成，牛梭子一般采用茶杯粗带同样粗细弯叉桐木制成，牛梭绊绳采用约小手指粗的三股合绳；马、驴套由垫肩、夹杠、拉杠、撇绳、搭腰等组成，垫肩是用棉布缝制的筒形环状的“口袋”，内紧密填充柔软的棉絮或者软草，下端可以开合，夹在牲畜的肩胛骨处固定；夹杠一般是由硬杂木制成，由两段尺半余的木条组成，上端有孔，用牛皮绳连接，下端同样有孔，可以开启或捆绑，用时装在“垫肩”前，将下端固定在牲畜的脖子上，拉杠由硬杂木制成，长尺半左右两端有孔，用以固定和连接夹杠间的撇绳，中间向后固定有金属挂环或挂钩，可以挂铧犁或车辆。牲口在耕地或拉车时常常还佩戴用蜡条、竹条、绳子等材料编制的笼嘴，有关组件其形制如图 1-50、图 1-51、图 1-52、图 1-53 所示。

图 1-50　牛套

图 1-51　骡马垫肩

图 1-52　骡马夹杠

图 1-53　牲口笼嘴

十四、鞭子

驱使牲畜的用具，常用于牲畜犁地、拉车等农事活动中，由鞭杆、鞭绳构成，按其尺寸通常有长鞭、短鞭之分。其形制如图 1-54 所示。

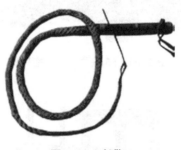

图 1-54　长鞭

十五、拖拉机

按其行走方式分为轮式和履带式两种类型。最初应用是在 1915 年，黑龙江呼玛的三大公司从美国万国公司海参崴分公司购入拖拉机（当时称为火犁），新中国成立后开始大范围推广应用，应用较广泛的有铁牛－55 型、东方红－75 型链轨车以及各地生产的 50 型、25 型、12 型等。自农村实行家庭联产承包责任制以来，拖拉机又有了新发展，12 马力及以下的小型拖拉机得到农民的青睐，常与拖斗、播种机、收割机、灭茬机、施肥机、喷药机等配套使用。各种形制的拖拉机如图 1-55、图 1-56、图 1-57、图 1-58、图 1-59、图 1-60、图 1-61 所示。

图 1-55　进口火犁

图 1-56　55 铁牛-55 型拖拉机

图 1-57　东方红-型 75 拖拉机

图 1-58　50 型拖拉机

图 1-59　25 型拖拉机

图 1-60　12 型拖拉机

图 1-61　手扶拖拉机

第二章

整地工具

整地工具，是用于破碎土垡，平整田地所用的有关农具。在《齐民要术》中，有关整地工具的记述出现在序、卷一、卷二、卷三、卷五等章节中，涉及劳、耰、碌碡、陆轴、秒、铁齿漏楱（耙）、木斫、挞以及多用工具铁齿杷、锹、镢、锄、锸、镐等数种。

究其整地工具的沿革，我们以《齐民要术》所涉及的这些工具为研究主题，经分析考证，以图文并茂的形式整理出以下内容。

原始农业时期，农业生产粗放，没有专用的整地工具。

夏、商、西周、春秋时期，随着农耕方式的变革，人们逐渐将木、石质的镢、镐、锸等工具用于整地作业。西周时期，一种用于碎土和砸实田埂的耰（木斫）在整地作业中得到应用，在这个时期镢、锛、锸等多用工具也逐渐由木、石制作转向青铜、铁制造。

战国、秦、汉、魏、晋、南北朝时期，整地工具又增加了铁锹、铁锨、铁齿杷、劳、碌碡、铁齿楱（耙）、挞、鲁斫及水田专用工具秒、陆轴（砺礋）、耙。

隋、唐、五代、宋、辽、金、元时期，旱作地区整地基本沿用原来的一些工具，后随着耧车的广泛应用，一种与之配套协作的土壤镇压工具"砘"在北方旱作地区得到应用；唐代以后，水田农业发展迅速，出现了田荡、平板和刮板等用于水田作业的专用整地工具。

从明、清一直到新中国成立初期，整地工具基本没有多大变化。新中国成立后，因合作化运动的开展，过去一家一户沿用多年的锹、镢、锄打埂作业工具在很多地区被畜力型取代，后随着我国农业机械化水平的不断提高，先进的机械化整地工具钉齿耙、圆盘耙、驱动耙、合墒器、镇压器、打浆平整机、扶垄机、灭茬机、挖坑机、清淤机、平地机等得到大范围广泛应用。

一、櫌

古同"耰"，即"木榔头"，也称"木斫"，一种由单人操作敲打土块的木质农具，头部为长约40厘米的圆柱体，其木柄长约1.5米，通常用于播种后碎土块、盖土。其形制如图2-1所示。

图 2-1 櫌

二、劳

即"耢"，也有些地方叫"耱"或"盖"，它是由"耰"演变而来的，以木条作架用荆条或藤条编成的长方形农具，功能和耙差不多，耢身上压以一定重量，畜力或人力在前面拉，用来平整地面和掩土保墒、弄碎土块。其形制如图2-2所示。

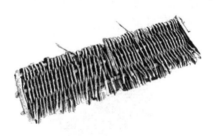

图 2-2 耢

三、耙

古称"铁齿漏榛"，有一字耙、矩形耙之分，上有铁齿若干。按其操作形式分为人力和畜力两类，人力耙由单人操作，畜力耙有用两头牛牵引的，也有用一牛或骡、马牵引的。其形制如图2-3、图2-4所示。

图2-3　人力耙

图2-4　畜力耙

四、陆轴

即碌碡，俗名石磙。一种石制的多用农具，其总体类似圆柱体，有中间略大、两端略小的圆碌碡，还有一头大一头小的尖碌碡，两种类型都是绕着一个中心旋转。用牲畜牵拉在田中滚动，即可将土碾碎压实，北方也用人力或畜力来进行谷物脱粒、平整场院地等。各种形制的碌碡如图2-5、图2-6所示。

图2-5　圆碌碡

图 2-6　尖碌碡

五、砺礋

一种带齿的木制陆轴，用牛牵挽辊压水田的农具，独用于水田，破块滓，溷泥涂。其形制如图 2-7 所示。

图 2-7　砺礋

六、挞

一种用于播后覆种镇压的传统农具。用畜力或人力牵引均可，用于耧播之后覆种平沟，使表层土壤塌实，以利提墒全苗。其形制如图 2-8 所示。

图 2-8　挞

七、耖

是用畜力挽行疏通田泥的水田木制工具，通体高在 1.1 米左右，长约 1.5 米，上有横柄，圆柱脊，平排多个直列尖齿，其齿比耙齿倍长且密，两端一、二齿间插木条系畜力挽用牛轭，二、三齿间安横柄扶手，人以两手按之，前用畜力挽行，一耖用一人一牛，用于大田的特制连耖用二人二牛，其形制如图 2-9 所示。

图 2-9　畜力耖

八、水田耙

也称"铁齿耙"，一种用畜力牵引的水田整地农具，用于耕地后破碎土块，混合泥浆，熟化土壤。其形制造如图 2-10 所示。

图 2-10　畜力水田耙

九、砘

古称"砘车"或"石砘"，是在播种覆土以后用来镇压松土的一种石制农具，由人力或畜力牵引，一般与耧车配套协作。其形制如图 2-11 所示。

图 2-11　石砘

十、田荡

是一种用于秧田之中均平泥土或调和水田的传统农具，由长约 2 米的叉木作柄在其叉木头上横装一块木板制成，使用时由一人操持推动。其形制如图 2-12 所示。

图 2-12　田荡

十一、平板

一种在水稻播种和插秧前将田面磨平的水田专用传统农具，一般以较大的长方形木板为主体，两端系绳，用人或牲畜拖拉磨田。

十二、刮板

一种在水田经田荡、平板整理过的田面，将水田整理得更加平滑的传统农具，功能与田荡、刮板一致，其形体较小，由一人操作使用。

十三、机引耙

是用于农田的耕后碎土、播前整地、疏松土壤、土肥混合和轻质土壤灭茬作业的多用机具，其种类和型号较多，有钉齿耙、圆盘耙、缺口耙、驱动耙和水田耙等，作业时靠拖拉机牵引，最早是以牵引式为主，20世纪60年代后逐渐发展为悬挂式。各种形制的机引耙如图2-13、图2-14、图2-15、图2-16、图2-17所示。

图 2-13　钉齿耙

图 2-14　圆盘耙

图 2-15　缺口耙

图 2-16 驱动耙

图 2-17 水田耙

十四、合墒器

一种与铧式犁配套进行耕整作业的农业机具,普遍用的是圆盘式平地合墒器,此类型的合墒器由多个装在轴上的圆盘组成,可在犁耕的同时起碎土保墒、平整地表和合墒的作用。其形制如图 2-18 所示。

图 2-18 机引犁配套装置——合墒器

十五、镇压器

一种对土壤表层实施压实、碎土的农业机具，在农田播种前使用，其作用是通过消除土块的空隙防止水分蒸发起到保墒的效果，它一般与15-24马力小型拖拉机或手扶拖拉机配套使用。主要部件为拖架、主轴和镇压等，常用的有圆筒形、V形、锥形、网纹形、链齿形等类别。其形制如图2-19所示。

图2-19　V形镇压器

十六、打垄筑埂机

一种用于农田筑埂的农业机具，分旱田和水田两种机型，由机架、限深轮、筑埂犁、镇压成型器和牵引架等组成，一般采用小型拖拉机牵引，方便快捷，特别在水田筑埂作业中，优点更为突出，能使覆土、压实、成型等程序一次完成。各种形制的打垄筑埂机如图2-20、图2-21所示。

图2-20　旱田打埂机

图 2-21　水田打埂机

十七、打浆平整机

一种用于碎土、耙浆、埋茬、平地的水田专用复式作业耕整地机械，一般采用大马力拖拉机牵引。其形制如图 2-22 所示。

图 2-22　打浆平整机

十八、扶垄机

一种与手扶拖拉机配套使用的扶垄装置，该装置主要由旋耕装置及与之相接的后置扶土装置组成，扶土装置上设有扶土角度及宽度可调的扶土盘，可一次完成松土起垄，其工作效率高，扶垄质量好，主要用于旱地起垄作业，以日光温室蔬菜大棚用量最多。其形制如图 2-23 所示。

图 2-23　扶垄机

十九、灭茬机

一种用于收割机收割作物后翻耕埋压残留秸秆和茬的整地机具，其形制多样、类型多种，常与旋耕、起垄、施肥、镇压等设备配套使用。其形制如图2-24所示。

图 2-24　灭茬机

二十、挖坑机

一种专用机械，常用于山地、丘岭、沟壑区植树造林，一般由动力系统（拖拉机或挖掘机）、液压系统、机械钻挖系统3部分组成。按其结构可分为手提式、前置牵引式、后置牵引式等类型。各种形制的挖坑机如图2-25、图2-26所示。

图 2-25 挖坑钻

图 2-26 手提式挖坑机

二十一、清淤机

一种用于池塘养殖、河道疏通等作业的机械，按其功能可分为干式和水下两大类。干式清淤机械以推土机、挖掘机、铲运机为主，水下清淤机常用的机械有绞吸式挖泥船、闷吸式清淤船、潜吸式清淤机。各种形制的清淤机械如图2-27、图2-28、图2-29、图2-30 所示。

图 2-27 推土机

图 2-28 挖掘机

图 2-29 铲运机

图 2-30 清淤机

二十二、平地机

用于整形和平整作业的机械，其主要部件为刮刀，它装在机械前后轮轴之间，能升降、倾斜、回转和外伸，广泛用于农田大面积的地面平整和挖沟、刮坡、推土开荒、日光温室大棚建设等作业中。其形制如图 2-31 所示。

图 2-31 平地机

第三章

种植工具

　　种植工具，是农作物播种、育苗、移栽所用的有关农具。在《齐民要术》中，有关种植工具的记述出现在卷一、卷二、卷三、卷五等章节中，涉及专用工具耧（一脚耧、二脚耧、三脚耧）、窍瓠以及镢、铲等多用工具。

　　究其种植工具的沿革，我们以《齐民要术》所涉及的这些工具为研究主题，经分析考证，以图文并茂的形式整理出以下内容。

　　原始农业时期，大多是用手直接撒播种子，在种植一些块茎、块根作物时多借助一些尖木棍或削尖的竹竿来挖穴点播，因此原始的单尖木末可视为原始的种植农具。

　　夏、商、西周、春秋时期，随着农耕方式的变革，人们逐渐在将木、石、骨、铜、铁等材质的镢、铲等工具用于播种。

　　战国、秦、汉、魏、晋、南北朝时期，种植工具有了很大改进。西汉时期出现了耧车并逐渐得到应用；北魏时期出现了单行播种的手工下种工具窍瓠。

　　隋、唐、五代、宋、辽、金、元时期，种植基本沿用原来的一些工具，北宋时期出现了一种应用于水田的移栽专用工具秧马。

　　从明、清一直到新中国成立初期，种植工具基本没有多大变化。新中国成立后，随着我国农业机械化水平和科学技术的不断提高，通过改进的新式点播器、人力条播器以及利用拖拉机牵引的播种、育苗、栽植等机械得到广泛应用。在20世纪50年代从国外引进谷物条播机、棉花播种机使用，60年代先后研制成功悬挂式谷物播种机、离心式播种机、通用机架播种机和气吸式播种机等多种机型，并研制成功了磨纹式排种器，到70年代已形成播种中耕通用机和谷物联合播种机两个系列并投入生产，供谷物、中耕作物、牧草、蔬菜用的各种条播机和穴播机都已得到推广使用，还研制成功了多种精密播种机，近年来，移栽、覆膜机械也在作物种植上得到广泛应用。

一、耧车

简称耧，也叫"耧犁"，俗名"耩子"，一种畜力条播工具。它由木耧架和铁耧铧组成，由耧架、耧斗、耧腿、耧铲等构成。有一脚耧至七脚耧多种，以两脚耧播种较均匀，可播大麦、小麦、大豆、高粱等。一般是由牲畜牵引，后面有人扶耧，可以同时完成开沟和下种两项工作。各种形制的耧车如图3-1、图3-2所示。

图3-1　二脚耧

图3-2　三脚耧

二、窍瓠

也叫"点葫芦""瓠种器"，古代一种手工操作的播种农具，它用干葫芦的硬壳制成，中间穿一根中空木棍。壳内装种子，用手持棍将下部尖端插入土中点播，用窍瓠播种比单纯用手播种要均匀、轻便，节约种子，可提高效率。其构造如图3-3所示。

图 3-3　窍瓠

三、秧马

一种专门用于水稻移栽的农具，其外形似小船，头尾翘起，背面像瓦，多以枣木、榆木、楸木或桐木制成，供一人骑坐使用。插秧时，人骑坐在上，用手将船头上放置的秧苗插入田中，然后以双脚使秧马向后逐渐挪动，用于拔秧时，则用双手将秧苗拔起，捆缚成匝，置于船后仓中，在泥地里乘坐秧马可以提高行进速度，减轻劳动强度，起到劳动保护的作用。秧马的形制如图3-4所示。

图 3-4　秧马

四、点播器

采用竹、铁等材质制作的一类用于玉米、花生、棉花等播种作业的穴播工具，按其形制可分为手杖式、手提式等类别，这类器具可以在一起一落中完成挖坑、投籽、覆土的全过程，其操作简便，省工省力。各种形制的点播器如图3-

5、图3-6所示。

图3-5　竹筒点播器

图3-6　铁筒点播器

五、条播器

一类采用人力进行玉米、花生、棉花等条播作业的播种工具，其形制多样，一般适用于土壤表墒较差的地块，这类工具播种均匀、深浅一致、省时省力，可一次完成开沟、撒种、盖土等工序。各种形制的条播器如图3-7、图3-8所示。

图3-7　手扶条播器

图 3-8　自走式条播器

六、播种机械

以作物种子为播种对象的种植机械，其种类繁多、形制多样，一般由机架、牵引或悬挂装置、种子箱、排种器、传动装置、输种管、开沟器、划行器、行走轮和覆土镇压装置等组成。按照播种方法，可分为条播机、穴播机和撒播机。

1. 条播机

主要用于谷物、蔬菜、牧草等小粒种子的播种作业，常用的有谷物条播机。谷物条播机作业时，由行走轮带动排种轮旋转，种子自种子箱内的种子杯按要求的播种量排入输种管，并经开沟器落入开好的沟槽内，然后由覆土镇压装置将种子覆盖压实，出苗后作物成平行等距的条行。用于不同作物的条播机除采用不同类型的排种器和开沟器外，其结构基本相同，一般由机架、牵引或悬挂装置、种子箱、排种器、传动装置、输种管、开沟器、划行器、行走轮和覆土镇压装置等组成。其中影响播种质量的主要是排种装置和开沟器，常用的排种器有槽轮式、离心式、磨盘式等类型。开沟器有锄铲式、靴式、滑刀式、单圆盘式和双圆盘式等类型。条播机还可以加设肥箱、排肥器、输肥管等装置，改制成播种施肥作业机，在播种的同时完成施肥作业，还可以在此基础上加设土壤耕作、喷撒杀虫剂和除莠剂、铺塑料薄膜等项作业设置改装成多功能联合作业机，在播种的同时完成土壤播前耕作、施种肥、土壤消毒、开排水沟、播种、施杀虫剂和除莠剂等项作业，条播机还可以通过安装灭茬装置，实现谷物、牧草和玉米等作物免耕播种作业。各种形制的条播机如图 3-9、图 3-10、图 3-11、图 3-12、图 3-13、图 3-14、图 3-15 所示。

图 3-9　小麦条播机

图 3-10　玉米施肥播种机

图 3-11　蔬菜条播机

图 3-12　多功能水稻直播机

图 3-13　小麦免耕施肥覆盖播种机

图 3-14　玉米、大豆小型播种机

图 3-15　小型水稻播种机

2. 穴播机

按一定行距和穴距，将种子成穴播种的种植机械。每穴可播一粒或数粒种子，分别称单粒精播或多粒穴播，主要用于玉米、棉花、甜菜、向日葵、豆类等中耕作物，又称"中耕作物播种机"。每个播种机单体可完成开沟、排种、覆土、镇压等整个作业过程，其播种的重要部件排种器有多种类型，其中圆盘式排种器，是利用旋转圆盘上定距配置的孔或窝眼排出定量的种子，根据种子大小、播种量、穴距等要求选配具有不同孔数和孔径的排种盘，选用适当的传动速比；气吸式排种器，是利用风机在排种盘一侧造成的负压排种，对种子的大小要求不严，种子破损少；气压式排种器，是利用风机产生的气流在种子箱内产生的正压排种，种子充填过程受风压大小的影响比气吸式小，工作较稳定；气吹式排种器，具有类似窝眼轮的排种轮，种子进入窝眼后，由风机产生的气流从气嘴吹压入型孔。另外，穴播机还可根据需要配置免耕灭茬播种用的凿形铲或波纹圆盘、抗旱播种用的推干土铲、防治病虫害用的农药施撒装置以及覆盖农膜的装置。各种形制的穴播机如图3-16、图3-17所示。

图3-16　玉米精位穴播机

图3-17　节水施肥覆膜穴播机

3. 撒播机

用来进行高质量、大面积、高效播种作业的机械，主要用于撒播草种、小麦、玉米、谷物、化肥等颗粒物，不受种粒大小限制，适用于农林牧区平坦耕地、草场、坡地、丘陵等不同条件地区的地表作业。常用的机型为离心式撒播机，一般附装在农用运输车后部，由种子箱和撒播轮构成，种子由种子箱落到撒播轮上，在离心力作用播种机下沿切线方向播出，播幅达8~12米，此撒播装置也可安装在农用飞机上使用。其形制如图3-18所示。

图 3-18　撒播机

七、移栽机械

用于秧苗移栽、定植的农业机械，主要用于蔬菜、烟草、棉花、甜菜、水稻、花卉、苗木等作物栽植。按其动力可分为人力移栽机具和机动移栽机具两大类，其中机动机具又分手扶自走式、乘坐自走式和拖拉机牵引式等类型。各种形制的移栽机械如图 3-19、图 3-20、图 3-21、图 3-22、图 3-23、图 3-24、图 3-25 所示。

图 3-19　人力水稻插秧机

图 3-20　乘坐自走式秧苗移栽机

图 3-21　手扶自走式秧苗移栽机

图 3-22　手扶自走式水稻插秧机

图 3-23　乘坐自走式水稻移栽机

图 3-24　乘坐自走式水稻插秧机

图 3-25　牵引式油菜移栽机

八、育苗机械

用于种苗培育环节的农业机械，主要有秧盘播种成套设备、秧田播种机、种子处理设备（采摘、调制、浮选、浸种、催芽、脱芒等）、营养钵压制机等。各种形制的育苗机械如图 3-26、图 3-27 所示。

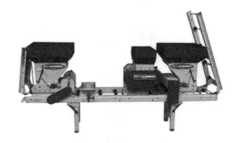

图 3-26　秧盘播种成套设备

图 3-27　营养钵压制机

九、覆膜机械

将塑料薄膜铺放并封压在畦面或地面上的机械，多用于蔬菜、花生、棉、烟草、瓜果等作物的地膜覆盖栽培。按其完成的作业项目可分为铺膜机、作畦铺膜机、旋耕铺膜机、播种铺膜联合作业机等多种机型。

1. 铺膜机

用于在已做好的高畦或垄上进行铺膜、封膜机械，用其可先铺膜，后在膜上打孔进行播种或移栽，也可先播种后铺膜，有人力、畜力牵引两种类型。人力牵引的简易铺膜机，由装塑料薄膜卷的支架、开挖埋膜沟的开沟器、横向拉展薄膜的压膜轮和起土封压地膜的嵌膜轮等部件组成；畜力牵引的铺膜机，适用于坡地、梯田或小块地，其结构是在简易铺膜机的基础上，增加铺膜辊和畦形整形部件。各种形制的铺膜机如图 3-28、图 3-29 所示。

图 3-28　简易铺膜机

图 3-29　铺膜机

2. 作畦铺膜机

由犁铧或刮板式作畦装置、畦形整形部件、铺膜装置和嵌膜轮等组成，用作畦装置在已耕地上作高畦或垄，铺膜装置实施铺膜并在嵌膜轮滚动作用下起土封压地膜。作畦铺膜机可与同各种型号的拖拉机配套，用于先铺膜后打孔播种或移栽的作业流程。其形制如图 3-30 所示。

图 3-30　作畦铺膜机

3. 旋耕铺膜机

为旋耕机和作畦铺膜机的组合机械，能一次完成旋耕、作畦整形、铺膜和封膜作业，其作业质量较好，适应性强，畦土细碎均匀，利于保墒并可减少拖拉机压地次数。其形制如图 3-31 所示。

图 3-31　旋耕铺膜机

4. 播种铺膜联合作业机

主要用于棉花、花生等作物的地膜覆盖栽培，它有多种类型。先播种后铺膜由播种机上挂接铺膜装置组成；先铺膜后播种的由铺膜装置和专用的打孔、穴播装置组合而成，用于在已耕地上一次完成平作铺膜、膜上打孔、定量穴播、起土覆盖种穴和封压地膜等项作业；还可在铺膜的同时进行整地、作畦（作垄）、薄膜打孔、播种、施肥、喷药等多项作业。各种形制的播种铺膜联合作业机械如图3-32、图3-33所示。

图 3-32　铺膜联合作业机

图 3-33　铺膜播种作业机

第四章

中耕工具

中耕工具，是进行农田除草、松土、间苗、培土作业所用的有关农具。在《齐民要术》中，有关中耕工具的记述出现在卷一、卷二、卷三、卷四、卷五等章节中，涉及专用工具锄、铲、叴鐯、镃基、耨、斫、手拌斫、锋以及多用工具耙、耢等。

究其播种工具的沿革，我们以《齐民要术》所涉及的这些工具为研究主题，经分析考证，以图文并茂的形式整理出以下内容。

原始农业早期，没有田间管理环节，播种后是任其自生自实，自然也就没有中耕农具，直到后期出现锄草等管理作业时，主要是靠手工或是利用一些简单的竹木器和蚌器来进行。

夏、商、西周、春秋时期，中耕工具逐渐从取材于从木、石、骨逐渐发展到使用青铜、铁等材质制造，其形制和种类也有较大发展，到商周时已开始使用青铜农具钱鎛来进行中耕除草。

战国、秦、汉、魏、晋、南北朝时期，中耕工具增添不少。战国时出现了铫、鎒（耨）；魏晋南北朝时期，中耕除了使用铁制锄、铲之外，还用上了畜力牵引的锋、耩、耙、耢等工具。

隋、唐、五代、宋、辽、金、元时期，中耕工具有了更进一步的发展。唐宋以后，随着水田农业的迅速发展，出现了应用于水田的耘爪、耘荡等中耕农具；元代出现了多种功能的耧锄。

明、清一直到新中国成立初期，中耕工具又有新的品种增加，清代出现了中间具有方形空隙的漏锄，至今仍在中原及北方地区普遍使用。

新中国成立后，随着我国农业机械化水平和科学技术的不断提高，中耕工具得到不断更新发展。有单人操作的铲、锄、漏锄，有畜力牵引的传统耧锄及新型的解放式耘锄，还有以耘爪、耘荡、镫锄为代表的人工水田除草器。如今，在广泛应用现代化机具的新农机时代，采用动力牵引的水、旱中耕机具成为中耕的主要工具。

一、铲

是一种利用手腕力量贴地平铲以除草松土的小型农具，其形制虽与翻土的铲相似，但体型相差却很多，最早为石制或骨制，商周时期用上了青铜制作的铲（又名"钱"），战国时期用上了铁制铲（又名"铫"）并一直沿用至今。各种形制的铲如图 4-1、图 4-2、图 4-3 所示。

图 4-1　古铜铲（钱）

图 4-2　古铁铲（铫）

图 4-3　现代铁铲

二、锄

一种旱地主要的中耕除草农具，材质由石、铜、铁等，古时有镈、鎒、耨、斫斸、镃基、鉏、斫、锄等名称，有大、中、小 3 种型号之分。大锄由铁锄刃、锄钩和木锄柄 3 部分构成，锄刃一般长 18 厘米，宽约 16 厘米，柄长约 1 米，人立着使用，主要用途是松土、除草，其构造和作用相当于古代的"镃基"；中型锄是小于大锄的一种轻便锄，锄刃与锄钩做成一体，锄柄较大锄略细而短，人弯腰使用，适用于浅锄，主要用于锄玉米、大豆、棉花等作物，其构造和作用相当于古代的"鎒（耨、鉏）"；小锄是比中型锄更小的一种锄，有的地方叫"挖刀子"，其作用相当于古代的"镈"，其锄刃与锄钩一体，锄刃宽约 12 厘米，锄柄长约 45 厘米，人蹲着使用，主要用于锄小苗和间苗。各种形制的锄如图 4-4、图 4-5、图 4-6、图 4-7、图 4-8、图 4-9 所示。

图 4-4　石锄头

图 4-5　铜锄头（镈）

图 4-6　铁锄头（鎒）

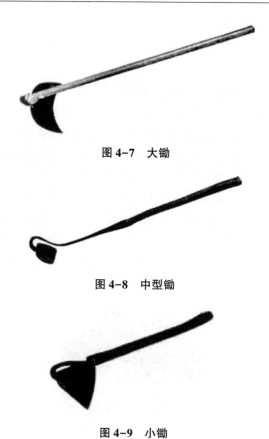

图 4-7　大锄

图 4-8　中型锄

图 4-9　小锄

三、锋、耩

都是畜力中耕的农具，其形制虽然无考，但从《齐民要术》记述来看，其功能应与耧子、耘锄相似，如《术中》种谷篇有"苗高一尺，锋之"，种大豆篇有要"锋、耩各一"（锋有浅耕保墒的作用，还可以用于浅耕灭茬），再如"垄种若荒，得用锋、耩"，初看这是中耕锄草，应作正文与下文"锄不过三遍"相连贯，其实不然。这是指耧种有进行锋、耩的优点，但撒播就不能，所以作此注说明。从这里也充分证明锋、耩都是畜力拉的中耕农具。

四、手拌斫

据载是一种手用的小型铲土农具，其形制无考。

五、水田除草器

包括耘爪、耘荡、镫锄、除草耙等。其中耘爪是水田除草工具，它是用一寸（合今 3.3 厘米）多长的竹管制作的形似"爪甲"的一种简易工具，工作时将可将其套在手指上面进行挠秧，也有用铁爪代替竹爪的；耘荡，又称"稻耥""耥耙""耘耥""耥"，一种水田中除草松泥的农具，形如木屐，而实长尺余，宽约三寸（合今 10 厘米），底列短钉 20 余枚，簨其上，以贯竹柄，柄长 1.5 米以上；镫锄，水田遇到天旱无水时专用的锄草工具，形状像马镫，锄刃作弧形，为的是"不致动伤苗稼根茎"。其各种形制水田除草器如图 4-10、图 4-11、图 4-12、图4-13、图 4-14 所示。

图 4-10 薅耙

图 4-11 耘荡

图 4-12 除草耙

图 4-13 镫锄

图 4-14 丰年车

六、漏锄

一种形似中间具有方形空隙的小锄，它比一般锄稍小，刃宽三寸（合今 10 厘米）多，刃边至中空处约寸许，轻便省力，既能松土锄草又不会翻转土块，锄过之后土地平整，能起保墒作用，有的地方后来将其改进成形制更小的二齿、三齿划锄，主要用于小麦等作物的划锄作业。各种形制的构造如图 4-15、图 4-16、图 4-17 所示。

图 4-15 漏锄

图 4-16 三齿划锄

图 4-17　二齿划锄

七、耧锄

又名"耩子"，是一种形似耧车独脚没有耧斗的畜力中耕农具，它只用耧锄的铁柄，贯穿耧车横木的中央，下端仰着锄刃，刃形像杏叶的样子，其特点是不但除草松土速度快，而且锄刃是在土中穿进，不将泥土翻成沟，从而减少水分蒸发，故耐旱，如加上一个翻土部件（叫掰土），就能开沟培土，分拥谷根。因此，自宋元以来一直在北方农村沿用至今。现代用的耧锄其造形如一小独脚耧，前有两根辕杆，后有两个扶手，下方为一斜木，安装一个锄铲，一人扶持，一头牲畜牵拉，主要用于玉米、高粱、棉花、地瓜、黄烟等作物的中耕培土。其形制如图 4-18、图 4-19 所示。

图 4-18　古耧锄

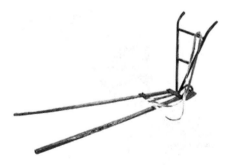

图 4-19　新式耧锄

八、耘锄

又名"解放式耘锄""三脚耘锄",是新中国成立初期广为发展一种较大型的、用畜力牵拉的中耕农具,前有导向滚轮和牵引钩,后有 3 个三角形铁制锄铲,上装有木制扶手,一人扶持,一头牲畜牵拉,适宜中耕玉米、谷子、高粱、大豆、棉花等作物。其形制如图 4-20 所示。

图 4-20　耘锄

九、中耕机

采用动力牵引的中耕机具,其形制多样,规格多种,按其功能可分为水、旱两种类型,按其行走方式可分为手扶自走式和拖拉机牵引式,按其作业方式可分为锄铲式和回转式,按用途可分为除草铲、松土铲和培土铲 3 种类型。各种形制的中耕机如图 4-21、图 4-22、图 4-23、图 4-24、图 4-25 所示。

图 4-21　手扶自走式水田除草机

图 4-22　手扶自走式旱田松土机

图 4-23　手扶自走式开沟培土机

图 4-24　大型牵引式中耕机

图 4-25　大型牵引式中耕机

第五章

排灌工具

排灌工具，是进行农田灌溉、排水等作业所用的有关农具。在《齐民要术》中，有关排灌工具的记述出现在卷三中，涉及桔槔、辘轳、柳罐等工具。

究其排灌工具的沿革，我们以《齐民要术》所涉及的这些工具为研究主题，经分析考证，以图文并茂的形式整理出以下内容。

最早的排灌工具是戽斗，它大约出现在原始农业的新石器时代。夏、商、西周、春秋时期，排灌工具有了新发展。商代时一种简单省力的原始的井上汲水工具桔槔，开始得到应用。战国、秦、汉、魏、晋、南北朝时期，排灌工具又有很大进步，汉代有两种更为先进的提水工具辘轳、翻车得到广泛应用。隋、唐、五代、宋、辽、金、元时期，无论是南方还是北方，排灌工具得到都得到创新和发展。唐代时，又出现了一种利用水流推动转轮来提水灌溉的装置水转筒车以及另一种灌溉工具立井水车。

明、清时期，排灌工具种类虽然变化不大，但因使用地区的不断扩大，使用数量不断增加。

民国时期，机械化的排灌工具开始应用于农业生产，20世纪20—30年代，采用石油或电力引擎的抽水机在我国得到推广应用。新中国成立后，发展新式农具，一种新型的解放式水车在50年代得到推广应用，还有一种半机械化手压井也在很多地区得到应用。后来，随着农业机械化的发展，抽水机机械也得到不断发展，从最初的以柴油为动力的抽水机械逐渐普及了以电力为动力的抽水机械，有的地区特别是从事日光温室大棚种植的地区还用上了喷灌、滴灌、渗灌等节水灌溉设备。

一、戽斗

又名"水斗",俗称"亮斗子",一种提(排)水用的旧式农具。用竹篾、藤条等编成(用柳条编成的叫柳罐),略似斗,两边有绳,使用时两人对站,拉绳汲水,亦有中间装把供一人使用的。其形制如图5-1、图5-2所示。

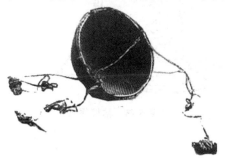

图5-1 双人戽斗

图5-2 单人戽斗

二、桔槔

俗称"吊杆",即人力吊斗,也就拔杆子、渴乌,是一种原始的井上汲水工具,其结构相当于一个普通的杠杆,在其横长杆的中间由竖木支撑或悬吊起来,横杆的一端用一根直杆与汲器相连,另一端绑上或悬上一块重石头,它能改变用力方向,使水桶上提时省力。当不汲水时,石头位置较低,当要汲水时,人则用力将直杆与汲器往下压,与此同时,另一端石头的位置则上升,当汲器汲满后,就让另一端石头下降,石头原来所储存的位能因而转化,通过杠杆作用,就可能将汲器提升。其构造如图5-3所示。

图 5-3　桔槔操作

三、辘轳

利用轮轴原理制成的井上汲水的起重装置。主要构件有辘轳头、辘轳把、辘轳轴、人字支架、立柱、井绳、汲水器等，人在井边摇辘轳把，井绳便一圈一圈地缠绕在辘轳头上，挂在绳端的汲水器便随之上升，汲水器多是用柳条或铁、木制成的水斗，连续不断地摇辘轳把，就可将水一斗一斗地提上来。其构造如图 5-4所示。

图 5-4　辘轳

四、翻车

一种古老的刮板式连续提水机械，也叫"龙骨水车"，它是利用人力转动轮轴提水的，它既能把低处的水引上高坡进行灌溉，也可以排涝。小型的用手摇，称为"拔车"，大型的用脚踏，称为"踏车"，其结构除车架外，主要是一具长形的木板槽，槽中架设行道板一条，长度比槽板两端各短一尺（合今33厘米），用以安装大小木轮，行道板是由刮板逐节用木梢子联接起来的，犹如龙的骨架，由人力驱动上端的大轮轴带动刮板，将水刮到木槽上端连续不断地流入田间，后来又发展成为利用牛拉使齿轮转动的牛转翻车、利用流水作动力水转翻车和以及利用风力作动力的风转翻车，20世纪初期有的地区还曾使用小型煤油机拖动龙骨水车进行灌溉。各种翻车构造如图5-5、图5-6、图5-7所示。

图5-5　龙骨水车

图5-6　牛转水车工作

图5-7　水转水车工作

五、筒车

亦称也称"流水筒车""水转筒车",它是一种以水流作动力取水灌田的工具,其主要结构是一个水轮,其结构是在水流很急的岸旁打下两个硬桩,制一大轮,将大轮的轴搁在桩叉上,大轮上半部高出堤岸,下半部浸在水里,可自由转动,大轮轮辐外受水板上斜系有许多中空、斜口的竹筒,岸旁凑近轮上水筒的位置,设有水槽。当大轮水板受急流冲激,轮子转动,水筒中灌满水,转过轮顶时,筒口向下倾斜,水恰好倒入水槽,并沿水槽流向田间,它可以日夜不停车地浇地,不用人畜之力,且功效高。后来,又发展了在轮轴两端伸延部位装上供脚踏或手摇装置的高转筒车和利用驴拉套杆转动通过齿轮带动水轮旋转的卫转筒车(又称驴转筒车)。各种筒车构造如图5-8、图5-9、图5-10所示。

图5-8 水转筒车

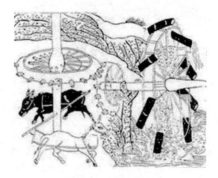

图5-9 驴转筒车

图 5-10 高转筒车

六、立井水车

又称"木斗车""水车"。是一种类似筒车的提水灌溉工具,主要构件有轮盘、支架、扁形链条、水斗、动力传递装置等。使用时将水车支架置于水井之上,轮盘固定于支架上,链条缠绕在轮盘上,水斗固定于链条上,将链条和水斗放置井内水面,操作杆(铁或木头的)固定于轮架一端的立轴上端,推动操作杆,立轴便做旋转运动,又通过立轴下端的散装齿轮把动力传给轮盘,并改变旋转方向,轮盘做上下转动带动链条,链条带动水斗,便可将盛满水的水斗带上来。这种水车构造复杂笨重,需一头骡马或两头牛驴方能拉动。其构造如图5-11所示。

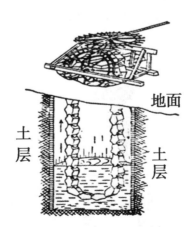

图 5-11 立井水车构造

七、解放式水车

从井中提水的一种改进型的管链水车，这种水车有推拉式和手摇式两种类型。其中，推拉式的水车有水车头、链条、筒子、水簸箕、木支架等部分构成，水车头为铸铁制造，上有两个大小不等的齿轮，大齿轮上端链接操作杆，小齿轮外端为梅花状齿盘，链条上在齿盘上，链条上装有数个皮钱，入井部分装入铁筒内，以皮钱密封铁筒，铁筒上端链接铁簸箕固定于木架上，铁筒下端入水，用人或畜力推动操作杆，伞形齿轮转动，带动齿轮和链条上行，通过皮钱的密封作用，便可将进入铁筒的水提至井上，一般需一头牲畜或两人推拉；手摇式水车是在推拉式的基础上改进的，是将推拉式的卧式水车头为立式车头，使操作手柄直接固定于轮盘轴上，并取消了伞形齿轮，人摇转手柄，轮盘转动，就可将水直接提上来，一般需两人摇转。两种水车结构如图5-12、图5-13所示。

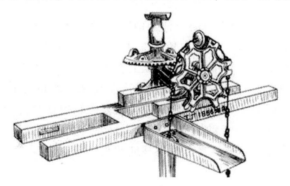

图5-12　推拉式水车

图5-13　手摇式水车

八、手压井

是一种活塞式的人力提水工具，适于在水位较高的地方使用。它是由一个简单的气缸和连杆活塞机构以及手柄、塑料吸管等部件构成的，工作时，人手压手柄一端，另一端上升，拉动连杆活塞沿气缸内上行，活塞下部的空间形成真空，井内的水在大气压作用下通过塑料管被吸至缸筒内，缸筒下部有一定向阀，水上升时阀打开，当人将手柄抬起时，连杆活塞下行，活动阀即关闭，活塞继续下行，进入气缸的水便受压，受压达到一定程度便顶开活塞上的活动孔窜上来，这样连续不断地按压手柄，水便源源不断地吸出来。其井上部分构造如图5-14所示。

图 5-14　手压井

九、抽水机械

是由水泵、动力机械与传动装置组成的抽水设备，我国20世纪20年代开始使用，最初使用的水泵是离心泵，采用柴油机和电力为动力；至60年代开始使用大型轴流泵、混流泵、水轮泵，仍采用柴油机和电力为动力；自60年代末开始使用潜水电泵；改革开放以来，随着科学技术的发展和我国机械化程度的不断提高，抽水机械也得到飞速发展，从以柴油动力为主逐步过渡到以电力引擎为主，水泵设备也更加多样化，由以离心泵为主逐渐过渡到离心泵、混流泵、轴流泵、长轴井泵、潜水电泵、水轮泵等多种类型并存的状况。各种形制的抽水机如图5-15、图5-16所示。

图 5-15　柴油抽水机组

图 5-16　电力抽水机组

1. 离心泵

是利用叶轮旋转产生的离心力工作，它有单级单吸和单级双吸两种。常用的单级单吸离心泵是从单侧吸水，吸入口径为 50～200 毫米，流量 125～400 米/小时，扬程 20～125 米，效率一般小于或等于 85%，它具有流量小，扬程范围大，结构简单，使用方便等优点；单级双吸离心泵是从叶轮双侧吸水，吸入口径 150～400 毫米，扬程 12～125 米（最高达 225 米），流量 162～18 000米/小时，最高效率达 88%，它具有流量扬程范围大、性能好、效率高、安装维修方便等优点。

2. 混流泵

又称"斜流泵"，是利用叶轮旋转产生的离心力和推力联合作用工作，斜向出流，有蜗式（卧式）和导叶式（立式）两种。它兼有离心泵和轴流泵的优点，结构简单，高效区宽，使用方便，蜗壳式的扬程 5～12 米，流量 900～4 000米/小时，导叶式的扬程 3～25.7 米，流量 45～20 160米/小时。

3. 轴流泵

一种大流量低扬程的水泵，它利用叶轮旋转对水体产生的推力（升力）工作，有立式、卧式、斜式及贯流式数种。大型轴流泵种类繁多，常用的国产轴流泵其比转数分别为 500、700、850、1 000、1 250、1 400、1 600 等，转轮直径为 1.6 米、2.0 米、2.8 米、3.0 米、3.1 米、4.0 米、4.5 米。

4. 潜水电泵

一种机泵合一的泵型。其体积小，性能好，使用方便，装置效率比长轴深井泵高，可部分代替长轴井泵，在我国北方机井建设中广泛应用，有干式、半干式、充电式和湿式等数种，最高提水扬程可达 320 米。

5. 长轴井泵

它有浅井泵和深井泵两种，工作时泵体浸没于井水面以下，通过传动轴把动力机的机械能传给水泵叶轮而旋转工作。浅井泵扬程小于 50 米，适用于大口井、土井和深度不大的机井，叶轮级数 2~8 级，扬程 8~34 米；深井泵扬程大于 50 米，适用于井径较小，井筒较深的机井。

6. 水轮泵

由水轮机和水泵组成，利用水力推动水轮机旋转驱动水泵提水。它直接利用水的下落作为动力推动水轮运转，一般应用于在落差大于 1 米、流量大于 0.1 米/秒的河流、水库和渠道上提水。

各种形制的水泵如图 5-17、图 5-18、图 5-19、图 5-20、图 5-21、图 5-22 所示。

图 5-17 离心泵

图 5-18　混流泵

图 5-19　轴流泵

图 5-20　系列潜水电泵

图 5-21 系列长轴井泵

图 5-22 水轮泵

十、节水灌溉设备

是指具有节水功能用于灌溉的机械设备的统称,主要有喷灌、滴灌、渗灌等类型。

1. 喷灌设备

由进水管、抽水机、输水管、配水管和喷头（或喷嘴）等部分组成,它是利用机械和动力设备,使水通过喷头（或喷嘴）射至空中,以雨滴状态降落田间的灌溉方法,喷灌设施可以是固定的,也可以是移动的。

2. 滴灌设备

由灌水器、管道、管件、水泵、电机、中央控制器、自动阀、传感器等部分组成,利用塑料管道将水通过直径约 10 毫米毛管上的孔口或滴头送到作物根部进行局部灌溉,它适用于果树、蔬菜、经济作物以及温室大棚灌溉。

3. 渗灌

也称"地下滴灌",它是利用地下管道将灌溉水输入田间埋于地下一定深度的渗水管道或鼠洞内,借助土壤毛细管作用湿润土壤的灌水方法。

节水灌溉配套设备及系统工作示意图如图 5-23、图 5-24、图 5-25、图 5-26、图 5-27、图 5-28 所示。

图 5-23　喷灌配件

图 5-24　滴灌配件

图 5-25　排灌动力配套

图 5-26 滴喷灌砂石过滤器

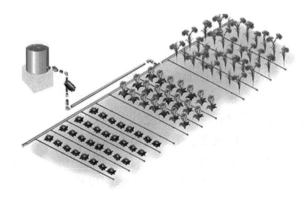

图 5-27 滴灌系统示意图

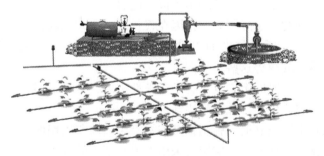

图 5-28 喷灌系统示意图

第六章 施肥工具

施肥工具，是进行农田施肥作业所用的有关农具。在《齐民要术》中，作者贾思勰对施肥工具的介绍很少，只是在两处有关施肥的记述中涉及有关工具。在卷一介绍使用绿肥的方法时有"凡美田之法，绿豆为上，小豆、胡麻次之；悉皆五六月中穰种，七八月犁掩杀之。为春谷田则亩收十石，其美与蚕矢熟粪同"的记述，此处涉及"犁"这种多用工具；在卷三种韭中有"高数寸剪之。〔初种，岁止一剪。〕至正月，扫去畦中陈叶。冻解，以铁杷耧起，下水，加熟粪"的记述，此处涉及"铁杷"这种多用工具。

究其施肥工具的沿革，我们以《齐民要术》所涉及的工具为研究主题，经分析考证，以图文并茂的形式整理出了以下内容。

我国农田中施肥起于战国时期，因在很长的一段时间内，人们一直采用漫撒或穴施的方法施肥，所以借助的工具基本上是犁、镢、铲、锹、铁杷（铁搭）以及粪筐、粪舀、粪杈等这些工具。

到宋元时期，我国施肥工具才有了突破性进展，一种采用耧车的原理制作的粪耧开始应用于农业生产，并得到逐渐推广。

从明代到新中国成立前，施肥工具基本沿用以前所采用的传统工具。新中国成立后，随着化学肥料的推广应用，采用人力或畜力的氨水耧、化肥耧、颗粒施肥器、液体施肥器等各种新型的施肥工具以及采用动力配套的大型专用和多用施肥机械应时而生。

一、粪筐

条编的施肥工具，形制多样，大小有别。较大圆形粪筐为两人抬粪的工具，其高一般在 40 厘米、直径约在 60 厘米，这种粪筐在对称的位置有绳系，便于使用扁担；长形、扁形的小型粪筐一般由单人使用，可以一手挎筐，一手撒粪，也可以用来运粪、盛粪。各种形制的粪筐如图 6-1、图 6-2、图 6-3、图 6-4 所示。

图 6-1　双人抬粪筐

图 6-2　背负式粪筐

图 6-3　手提式粪筐

图6-4　手挎式粪筐

二、粪舀

一种用于来追施液态肥的工具，由木质、竹质的手柄和铁、塑料制作的舀头两部分组成，其柄长约1.5米，舀头大小不等，一般深约25厘米、上口直径约为30厘米。其形制如图6-5所示。

图6-5　粪舀

三、粪杈

一种小型的单人操作工具，由铁制杈头和木质手柄两部分组成，其柄长约50厘米。在施肥时常用作扒粪的工具，也是用来捡拾散落在路边、草地等处的各类粪便的工具。其形制如图6-6所示。

图6-6　粪杈

四、粪耧

又称"下粪耧种"，它是在耧车的耧斗后置筛而改装的一种施肥农具，耩地时将过筛后的细粪随种而下并覆于种上。

五、氨水、化肥耧

是解放后改制的一种小型耧，其形制近似独脚耧，只是形体和部件均小，种子箱处安装一个氨水桶或化肥袋，桶下接一塑料管沿耧腿一直延伸到耧脚后，使用时一人扶耧，一人或牲畜在前边牵拉，氨水或化肥即可通过塑料管漏至耧脚开启的沟内。其形制如图 6-7 所示。

图 6-7　氨水耧

六、施肥机械

有颗粒、液体、气体等类型，按其功能可分为人工施肥器、电动施肥器以及由动力配套的施肥机、追肥机、撒肥机等，其中，由动力配套的机械按其配套方式可分为手扶自走式、拖拉机牵引式以及车载式三大类别。各种形制的施肥机械如图 6-8、图 6-9、图 6-10、图 6-11、图 6-12、图 6-13、图 6-14、图 6-15、图 6-16、图 6-17 所示。

图 6-8　颗粒施肥器

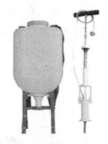

图 6-9　脚踏液体施肥器

图 6-10　小型电动施肥器

图 6-11　电动液体施肥器

图 6-12　牵引式追肥机

图 6-13　前置式车载撒肥机

图 6-14　后置式大型车载施肥机

图 6-15　手扶自走式追肥机

图 6-16　牵引式多功能追肥机

图 6-17　大棚二氧化碳增肥器

第七章

植保工具

　　植保工具，是对作物进行病虫害防治和科学保护所用的有关农具。在《齐民要术》卷一、卷二中，虽有涉及植保的手工方法，如"有蚁者，以牛羊骨带髓者，置瓜科左右，待蚁附，将弃之。弃二三，则无蚁矣"，"麻生数日中，常驱雀"，但并没有列举专门的植保工具。

　　明代前期中国的植保工具几乎是一张白纸，遇到病虫害，只能进行手工防治，直到明清时期，虫梳、除虫滑车等工具的出现，才改写了我国植保工具为零的历史。

　　从原始的求助神灵和手工防治，到后来的喷洒化学农药，其间经历了漫长的历史阶段和各种方式的探索，包括生物的方法、物理机械的方法、农耕的方法和化学的方法和综合防治方法。植保工具也实现了从无到有、从简易到高端的发展过程。

　　新中国成立后，我国值保机械得到了较快发展，由手动喷雾、喷粉器具逐步发展到使用电动、轻型机动、大型机引机具。自20世纪80年代以来，随着温室大棚种植技术的发展，烟雾机、杀虫灯、硫黄熏蒸器、臭氧解毒机、卷帘机、通风机、卷膜器、土壤消毒器具等大棚专用机具也得到推广应用。

一、虫梳

　　一种手工扑杀稻田害虫的工具，由一根木质手柄和用许多细竹条排列编排成的梳子组成，在稻子长至四五十厘米之前，在稻叶间来回梳扫，使害虫掉入田中。其形制如图7-1所示。

图 7-1　虫梳

二、手动喷雾器

按其性能可分为双人操作的单管喷雾器、单人操作的圆筒形背负喷雾器、单人操作的扁筒手压喷雾器、大型踏板喷雾器等。

1. 单管喷雾器

新中国成立后最早使用的一种植保机具，它体积小，使用时底部放在药液桶内，由两人抬着筒操作，后边的人拉压喷雾器手柄，前边的人拿喷头喷洒，这种机具用工多，效率较低。其形制如图7-2所示。

图 7-2　单管喷雾器

2. 圆筒背负喷雾器

大范围使用起于20世纪50年代后期，它是一种由单人操作的植保机具，以552丙型喷雾器为主，其主体为圆柱形铁制药箱，此种喷雾器高约80厘米、直径在25厘米左右，药箱容量在7升左右，喷药时，需先放在地上打足气，再背起喷雾，等气耗尽，药液雾面变小后，再放在地上打足气，然后再进行喷雾操作，如此不断反复，这种机具和单管喷雾器相比功效大有提高，后来这种机具在材质和性能上都有所改进。其形制如图7-3、图7-4所示。

图 7-3 铁制圆筒喷雾器

图 7-4 塑料圆筒喷雾器

3. 扁筒背负喷雾器

它的使用起于 20 世纪 80 年代，它是一种有单人操作的大容量机具，这种喷雾器药箱为扁形，主体药箱上装有手压液泵，克服了圆筒形喷雾器喷药停住打气的不足，工作时可以背在身后，一手压气，一手握"烟杆"喷药，大大节省了喷药时间，这种机具在使用过程中，材质和性能也都有过改进。其形制如图 7-5、图 7-6 所示。

图 7-5 铁制喷雾器

图 7-6　塑料扁形喷雾器

4. 踏板喷雾器

是应用于果树、园林的一种喷药机具，这种机具喷射压力高、射程远，按其结构可分单缸和双缸两种类型，主要由液压泵、空气室、机座、杠杆部件、三通部件、吸液部件和喷洒部件等组成，工作时以脚踏机座，用手推摇杆前后摆动，带动柱塞泵往复运动，将药液吸入泵体，并压入空气室，形成一定的压力后正常喷雾。其形制如图 7-7 所示。

图 7-7　踏板手压喷雾器

三、手动喷粉器

是一种由人力驱动风机产生气流喷撒粉剂的植保机具，由药粉桶、齿轮箱、风机及喷撒部件等构成，其结构较简单，操作方便，它曾是我国使用的主要植保机具之一，自禁止使用六六六等粉剂后被淘汰。其形制如图 7-8 所示。

图 7-8 手动喷粉器

四、电动植保机具

是采用低压直流电源作驱动能源的植保工具，由背负式、手推式等类型，其主体由低压电动水泵、储液桶、输液管、喷杆、喷嘴等部件构成，此类机具具有雾化效果好，省时、省力、省药的特点，能有效地增大喷洒距离和范围。各种形制的电动喷雾机如图 7-9、图 7-10 所示。

图 7-9 手推式电动喷雾器

图 7-10 背负式电动喷雾器

五、轻型机动植保机具

形制多样，常用的背负式和担架式。

1. 背负式轻型机动喷雾机

主要由机架、汽油机、药箱、双向柱塞泵、喷洒部件等组成，它是一种以小型汽油机动驱液泵高效施药机械，其压力高、流量大、喷幅宽、效率高，适用于大面积农田作物、低矮果树的病虫害防治。其形制如图 7-11 所示。

2. 担架式轻型机动喷雾机

是由机架、动力机、三缸活塞泵、空气室、调压卸压阀、吸水部件和喷枪等组件组成的，有的还配用射流式混药器，其运载方式以手抬、手推、肩挑、车载为主，它具有压力高、射程远、喷幅宽、工作效率高、劳动强度低等优点，适用于取水方便的平原、丘陵和山区，防治水稻、果树、园林和大田作物等的病虫害。各种形制的担架式喷雾机如图 7-11、图 7-12、图 7-13、图 7-14 所示。

图 7-11　背负式机动弥雾机

图 7-12　担架式自走喷雾机

图 7-13　担架式车载喷雾机

图 7-14　担架式手推喷雾机

六、大型机动植保机具

按其形制可分为悬挂式、牵引式和自走式等类型，此类机具作业效率高，喷洒质量好，喷液量分布均匀，适合于大面积喷洒各种药液，广泛应用于大豆、小麦、玉米和棉花等农作物的病虫害防治。

1. 悬挂式、牵引式机具

在工作时，由拖拉机牵引，利用拖拉机输出的动力驱动液泵转动，液泵从药箱吸取药液以一定的压力排出，经过过滤器后输送给调压分配阀和搅拌装置，再由调压分配阀供给各路喷头，药液通过喷杆上的喷头形成雾状后喷出。其形制如图 7-15、图 7-16 所示。

图 7-15　牵引式喷雾机

图 7-16　悬挂式喷雾机

2. 自走式喷杆喷雾机

一般为大容积专用型喷雾机，无需常规的农用拖拉机驱动，自身具有动力、行走和操控等系统，自动化程度高，重心高，地隙大，适用于比较平整的大面积农场作业。其形制如图 7-17 所示。

图 7-17　自走式喷雾机

七、农用喷药飞机

我国应用专用农业飞机喷洒农药起于 20 世纪 50 年代，此类飞机大多为下单翼，以便于在全翼装上固定喷洒装置，大多数农用飞机只装有一台气冷式活塞发动机或涡轮螺旋桨发动机，喷撒设备主要由药桶、风扇搅拌器和喷撒装置等组成，作业时利用飞机扰动的气流形成的旋涡将农药喷洒到植物的茎部和叶片的背面。其形制如图 7-18 所示。

图 7-18　农用飞机喷药场景

八、烟雾机

也称烟雾"打药机""喷药机"，一种便携式农业机械。按其功能可分为触发式烟雾机、热力烟雾机、脉冲式烟雾机、燃气烟雾机、燃油烟雾机等。烟雾机可以把药物制成烟雾状，有极好的穿透性和弥漫性，附着性好，抗雨水冲刷强，具有操作方便，大幅度减少药物用量，工作效率高，杀虫灭菌好，利于环保等突出特点。其防治高度可达 15 米多，每小时可施药 40 亩左右。适用于森林、苗圃、果园、茶园的病虫害防治，棉花、小麦、水稻、玉米等大田作物及大面积草场的病虫害防治，城市、郊区的园林花木、蔬菜园地和料大棚中植物的病虫害防治。各种形制的烟雾机如图 7-19、图 7-20、图 7-21 所示。

图 7-19　燃汽式烟雾机

图 7-20　热力式烟雾机

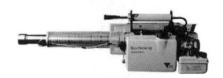

图 7-21　触发式烟雾机

九、杀虫灯

是根据昆虫具有趋光性的特点，利用昆虫敏感的特定光谱范围的诱虫光源，诱集昆虫并能有效杀灭昆虫，降低病虫指数，防治虫害和虫媒病害的专用装置，其结构由诱虫光源、杀虫部件、集虫部件、保护部件、支撑等部件组成。主要用于斜纹夜蛾、甜菜夜蛾、银纹夜蛾、地老虎、金龟甲、蟋蟀、蝗虫、蝼蛄、烟青虫、玉米螟等害虫的防治。杀虫灯种类繁多，形制多样，按所用能源可分为交流电杀虫灯、蓄电池杀虫灯、太阳能杀虫灯，按诱虫光源可分为火光杀虫灯、电转换光杀虫灯，按杀虫方式可分为电击式杀虫灯、水溺式杀虫灯、毒杀式杀虫灯。各种形制的杀虫灯如图7-22、图7-23、图7-24所示。

图 7-22　交流电杀虫灯

图 7-23　太阳能杀虫灯

图 7-24　蓄电池杀虫灯

十、硫黄熏蒸器

一种用于大棚温室防治作物白粉病、灰霉病、霜霉病等各种真菌、细菌病的植保机具，由内外套筒组成，通过电能加热使硫黄蒸汽在温室里分布防治。其形制如图 7-25 所示。

图 7-25　硫黄熏蒸器

十一、臭氧解毒机

一种用于大棚温室的植保极具，是以温室内的空气为原料，通过高压放电技术使氧气结合成臭氧的机具，它利用臭氧具有强氧化特性，对温室内空气、植株表面的有害细菌、真菌、病菌等快速杀灭或钝化。其形制如图 7-26 所示。

图 7-26　臭氧解毒机

十二、土壤消毒器具

用于温室大棚土壤和基质种植前消毒的器具，有机动和手提式两种类型。机动土壤消毒机系小型田间手扶拖拉机牵引的悬挂式、双注入点土壤消毒机，它由手扶拖拉机作为动力，驱动土壤消毒机行走，同时完成药液注入土壤内部，镇压土壤完成土壤杀菌、杀虫的功能；手提式土壤消毒器的主要原理类似自行车打气筒，是一套单柱塞泵，由手柄压杆推动塞组件中柱塞上下往复运动，通过球阀关闭与开启完成药液吸入与排出，压入药液输入管从输出孔喷射到土壤中，使药液在土壤中扩散开来，完成土壤消毒灭菌杀虫的功能。各种形制的土壤消毒器具如图7-27、图7-28所示。

图7-27 手提土壤消毒器

图7-28 土壤消毒机

第八章

收获工具

收获工具，是进行作物收割以及场上脱粒、净选、晾晒所用的有关农具。在《齐民要术》中，有关收获工具的记述出现在卷一、卷三、卷四、卷五等章节中，涉及镰、剪、榜簇、箔、苫、筛等。

究其收获工具的沿革，我们以《齐民要术》所涉及的这些工具为研究主题，经分析考证，以图文并茂的形式整理出以下内容。

收获工具在农业还没有正式发明以前即已存在，在采集经济和原始农业的初期，人们是用双手来摘取野生谷物，之后逐渐使用石片、蚌壳等锐利器物来割取谷物穗茎，并逐渐把这些石片、蚌壳加工成有固定形状的石刀、蚌刀、石镰、蚌镰和石斧。

夏、商、西周、春秋时期，收获农具依然使用石刀、蚌刀和石镰、蚌镰，这个时期还出现了收割工具青铜铚、艾、斧以及场上脱粒工具连枷。

战国、秦、汉、魏、晋、南北朝时期，收获工具又增加了铁制品，战国时期出现了铁铚和铁镰，西汉以后铚被淘汰，铁镰成为最主要的收获工具，铁刀、铁剪也常在收获作物的环节中用到。在这个时期碌碡、捧杆、呱嗒子、扇车、杈、笤、甩耙、扇子、垛钩、扫帚、木锨、推耙、簸箕、筛子、榜簇、箔、苫等工具在场上脱粒净选以及晾晒环节中得到应用。

隋、唐、五代、宋、辽、金、元时期，收获工具又有新的发展，爪刀、锹、镢、镐等逐渐应用于掐谷穗和收刨庄稼的农事中，宋以前还出现了拨镰、翳镰、钩镰等收获工具，宋元时期出现了一种收割机械推镰和一种由麦钐、麦绰、麦笼三件东西组合的高效收麦器。

从明、清到新中国成立，收获工具从形制到数量得到了不断完善和充实，铡刀、麦梳、押镰、铁锥、稻桶、掼槽等工具逐在麦场以及水稻和玉米脱粒作业中得到应用。

新中国成立后，收获工具从使用传统农具逐渐转向机械化工具，20世纪50年代后开始使用玉米擦床、地瓜切片刀、手摇地瓜切片机、手摇玉米脱粒机、脚踏打稻机以及畜力收割机，有的国营农场还引进用上了牵引式联合收割机（康拜因）、复式脱粒机等收获工具，60年代后发展机力卧式割台收割机和机侧放铺禾秆的立式割台收割机，各地还逐步引进或自制半复式和半喂入等类型的脱粒机以及自走式联合收割机，70年代开始使用小型牵引式和自走式收割机械，从80年代起扬场机开始应用于场上净选作业，90年代起收获作业基本实现了机械化，逐步淘汰了手工农具，农作物在收获环节生产上使用的谷物收获机械、玉米收获机械、棉麻作物收获机械、果实收获机械、蔬菜收获机械、花卉（茶叶）收获机械、籽粒作物收获机械、根茎作物收获机械、饲料作物收获机械、茎秆作物收获机械、脱粒机械、清选机械、剥壳（去皮）机械从技术含量到保有量都取得了突飞猛进的发展。

一、镰

古写"鎌"，古青铜镰又称为"艾"，它由刀片和木把构成，其刃部有平刃锯齿两种形式，平刃的主要用于收割小麦、谷子和青草，锯齿形的用于收割水稻。镰刀的用材经历了从石制、蚌制到铜制、铁制的发展过程，自战国开始使用铁镰以来，其材质基本没有变化，但其形制变化较多，有弯的、直的、宽的、窄的、长柄的，也有短柄的，还有特制的柴镰和拔镰、收割水稻的钩镰、收割牧草的钐镰和收割荞麦的推镰。各种形制的镰刀如图8-1、图8-2、图8-3、图8-4、图8-5、图8-6、图8-7、图8-8、图8-9、图8-10所示。

图8-1　石镰头

图 8-2　锯齿石镰头

图 8-3　蚌镰头

图 8-4　青铜镰头

图 8-5　钩镰

图 8-6　钐镰

图 8-7 拔镰

图 8-8 推镰

图 8-9 长把镰刀

图 8-10 柴镰

二、铚

也称"摘刀""掐刀",收获禾穗的农具,从原始石刀、蚌刀发展而来,其形制多样。各种形制铚如图8-11、图8-12、图8-13、图8-14、图8-15、图8-16、图8-17、图8-18所示。

图8-11　石刀

图8-12　蚌刀

图8-13　青铜掐刀

图8-14　铁掐刀

图8-15　各式摘刀

三、连枷

一种较原始的手工脱粒农具,由竹柄及敲杆组成。使用时上下挥动竹柄,使敲杆绕轴顺时针转动，敲打晒场上的植株，使籽粒脱落，多用于麦子、黄豆等籽粒的脱落。其形制如图 8-16 所示。

图 8-16 连枷

四、剪

也称剪刀，一种多用工具，在农业生产中常用来剪切作物穗子、秸秆等，现在园林生产中应用较为广泛。各种形制的剪刀如图 8-17、图 8-18 所示。

图 8-17 古剪刀

图 8-18 现代剪刀

五、呱嗒子

一种用整块木头制作的简易农具，其长六七十厘米，手握的部分呈圆形，常在晒场上用来呱哒大豆、高粱等作物，使其脱粒。其形制如图 8-19 所示。

图 8-19 呱嗒子

六、扇车

一种用于清除谷物颗粒中糠秕的农具，由车架、外壳、风扇、喂料斗及调节门等构成。使用时将粮食放进上边的喂料斗，手摇风扇，喂料斗下边就有风吹过，开启调节门，谷物在重力作用下会缓缓落下，密度小的谷壳及轻杂物被风力吹出机外，而密度大饱满的谷物直接流出在下边出料口。其形制如图 8-20 所示。

图 8-20 扇车

七、权

一种用来挑柴草的农具，最早是取材于权木经稍稍改造而成，后发展到由木工、铁匠打制的更为实用的木权和铁权，权按其齿数可分为二齿、三齿、四齿、五齿、六齿不等，有的地方习惯上按其齿数称为二股权、三股权、四股权、五股权、六股权。各种形制的权如图 8-21 所示。

图 8-21 各式木、铁杈

八、筢

搂柴草的竹制或木制器具，在场上作业中，主要用于谷类作物脱粒的精选工序，其形制有两种，竹制的其筢头呈伞状，下端安有长 1.2 米的木或竹柄，木制的形似整地工具的铁齿耙，柄长也在 1.2 米。各种形制的筢具如图 8-22、图 8-23、图 8-24 所示。

图 8-22 竹筢

图 8-23 长齿木筢

图 8-24 短齿木筢

九、甩耙

一种手工稻穗脱粒工具，长约 85 厘米，顶端宽约 10 厘米，使用时一只手握紧耙把，连续敲打稻穗即可实现脱粒的目的。其形制如图 8-25 所示。

图 8-25　甩耙

十、扇子

一种分离稻谷与杂质的场上农具，形似纳凉的扇子，由扇叶和手柄构成，其扇叶直径约有 50 厘米，手柄长约 20 厘米。其形制如图 8-26 所示。

图 8-26　扇子

十一、垛钩

一种用于场上收堆、堆垛的手工工具，由铁钩和木柄构成，其柄长 60 厘米左右，铁钩长 10 厘米左右。其形制如图 8-27 所示。

图 8-27　垛钩

十二、扫帚

一种竹制手工多用农具，在场上主要用于掠场、收堆等作业中，其形制如图8-28所示。

图8-28　扫帚

十三、木锨

一种木制手工多用农具，由木锨头和木柄构成。在场上主要用于堆积、精选谷物的作业，用其顺风扬起粮食，可借助风力将清除谷物中的杂质。其形制如图8-29、图8-30所示。

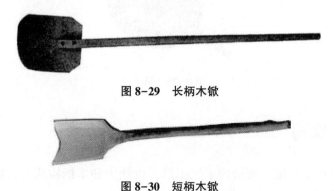

图8-29　长柄木锨

图8-30　短柄木锨

十四、推耙

一种用来堆积谷物的木制农具，由单人和双人或三人操作的等多种形制。单人操作的由耙头和木柄组成，其耙头长在60厘米左右，宽在30厘米左右，木柄约1.2米；双人或三人操作的由耙头和扶手组成，其耙头长在1.2米左右，宽在80厘米左右，使用时由一人扶柄，一人或两人牵拉。各种形制的推耙如图8-31、

图 8-32 所示。

图 8-31　平推耙

图 8-32　大推耙

十五、簸箕

一种传统多用工具，有柳编、竹编、作物秸秆以及铁制等类型，在场上主要用于铲收和扬糠作业，各种形制的簸箕如图 8-33、图 8-34 所示。

图 8-33　柳编簸箕

图 8-34　铁簸箕

十六、筛子

一种传统的多用工具，有竹制和铁制等类型，其形制为圆形、有漏孔，在场上主要用于筛除小颗粒杂质的作业，各种形制的筛子如图 8-35、图 8-36 所示。

图 8-35　竹筛子

图 8-36　铁筛子

十七、榜簇

用竹木条编结的晾晒工具，形似席、箔。

十八、箔

用苇子、高粱秸秆等材料编制的晾晒工具，其形制如图 8-37 所示。

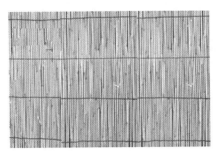

图 8-37　苇箔

十九、苫

用苇草、麦子秸秆等材料编制的遮盖工具，在场上主要用于苫盖粮食、柴草等，如今苇草苫在蔬菜大棚生产中被用于遮盖保温的工具，其形制如图 8-38 所示。

图 8-38　苇草苫

二十、收麦器

一种由麦钐、麦绰、麦笼 3 种东西组合的农具。其中，麦钐是一把特种形状的镰；麦绰是用竹篾编成的特殊的带有两根木柄的簸箕，两柄下端装在一根横的短拐上面，用一根绳把麦钐也系在拐上；麦笼也是竹篾编的，像个大簸箩，放在一个下面有 4 个碡轮的木座之上。使用时用右手抓住短拐，左手握了系麦钐的绳，双手一齐用力，斩断麦茎，由麦绰承受，然后翻到身后的麦笼里去。利用这种工具一天可以收割小麦 10 亩（1 亩≈667m² 全书余同。）多，比用镰刀割要快十多倍。其形制如图 8-39 所示。

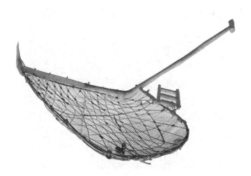

图 8-39 收麦器

二十一、铡刀

一种铡草料的多用传统农具，由两部分组成。一块中间挖槽的长方形木料（一般是用榆木），一把带有短柄的生铁刀，此刀的刀尖部位插入木槽里固定，使用时一人把草料平铺到木铡板上，另一人握住刀柄向下用力，草就齐刷刷地切断了。在场上主要用于小麦等谷类秸秆与穗子的分离作业，其形制如图 8-40所示。

图 8-40 铡刀

二十二、麦梳

一种梳理麦秸的手工农具，形似铁齿耙头，一般由长形木块和数个铁齿构成。按其梳理方式可分为大小两种，大型麦梳长约 1 米，装有 10 个齿左右，一般绑在板凳或桌子上使用，小型麦梳长约50厘米，装齿5~6个，只手可以操作。各种形制的麦梳如图8-41、图8-42所示。

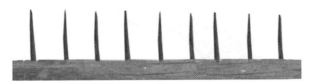

图8-41 大型麦梳

图8-42 小型麦梳

二十三、押镰

梳麦秸时用于切割麦穗的手工农具，由镰刀和长约50厘米、宽约20厘米的方形木板构成。其形制如图8-43所示。

图8-43 押镰

二十四、铁锥

一种用于玉米脱粒的多用工具，由铁制锥头和木质手柄构成，其锥头部分有扁、圆之分，锥头一般长约15厘米，手柄长约在20厘米且粗细差别较大。其形制如图8-44所示。

图 8-44　铁锥

二十五、稻桶

一种用于水稻脱粒的传统农具，有四方形、圆形之分，齐腰高，有的底部装有两根粗壮的平行枕木，便于在稻田里拖行，各种形制的稻桶如图 8-45、图 8-46所示。

图 8-45　方形稻桶

图 8-46　圆形稻桶

二十六、掼槽

一种在场上用于稻谷脱粒的传统农具，其结构简单，由一个粗木挖成的半圆形凹槽和一个斜形支架组成，主体半圆形凹槽长 10 厘米左右，槽深约在 40 厘米。其形制如图 8-47 所示。

图 8-47 掼槽

二十七、玉米擦床

也称玉米"搓子"，一种专用于剥玉米粒的手工农具，其结构简单，是在一块长约 50 厘米的方木上钉一个尖头的粗铁锥，一人用左手扶擦床，用右手拿玉米往尖锥上推穿剥玉米粒。其形制如图 8-48 所示。

图 8-48 玉米擦床

二十八、地瓜切刀

一种专门用于地瓜切片的单人手工农具，日可切几千地瓜，有擦床式和板凳式两种类型，这两种类型按其操作方式又称为"擦刀"和"赶刀"。擦刀是在长约70厘米、宽约30厘米、厚为4厘米左右的木板3/4处开槽嵌进一张刃片刀制成的，有的主体采用铁板代替；而赶刀则是利用一长条板凳为主体，在其一端安装一只用特制的刀具制成的，这种特制的刀具一般长约40厘米，手柄比刀片略长。各种形制的切刀如图8-49、图8-50所示。

图8-49　木制地瓜擦刀

图8-50　铁制地瓜擦刀

二十九、地瓜切片机

一种用于地瓜切片的半机械化收获农具，由壳体、切刀、支架、手柄等部分组成，壳体内装有一把或数把切刀，使用时一人喂入，一人摇转手柄，便可将地瓜切成片状，这种机具一天可切上万斤地瓜。各种形制的切片机如图8-51、图8-52所示。

图8-51　木架切片机

图 8-52　全铁切片机

三十、玉米脱粒机

一种用于玉米脱粒的半机械化农具，其结构由一圆盘状铁壳体固定在支架上，壳体内轴上装有两个齿，一个固定，一个随轴旋转，使用时一边摇动手柄，一边从上面喂入玉米棒，玉米棒落入两齿之间，粒子便得到剥离，此农具工效高，操作安全，但破碎较多。其形制如图 8-53 所示。

图 8-53　玉米脱粒机

三十一、脚踏打稻机

其主体结构是装有齿轮滚筒的方形木桶或铁桶，使用时手握稻把，边踩踏脚档带动齿轮滚筒，边把稻把慢慢挨近滚筒，稻叶和稻粒即可一起脱落，达到脱粒的目的。其形制如图 8-54 所示。

图 8-54　脚踏打稻机

三十二、畜力收割机

也称马拉收割机，它是通过地轮及传动齿轮把力量传送到切割部分、拨禾部分等进行收获小麦、水稻等作物的机具，有摇臂式和转臂式两种类型。其作业场景如图 8-55 所示。

图 8-55　马拉收割机作业场景

三十三、收获机械

使用广泛的有小麦、水稻、玉米、大豆等收获机具，棉麻、果实、蔬菜、茶叶（花卉）、油菜、牧草、花生、甘蔗等在收获环节也用上了机械化工具，常用的有谷物联合收割机、割晒机、割捆机、脱粒机、扬场机、扒皮机、秸秆收获机、蔬菜收获机、采茶机、花生收获机、甘蔗收获机、牧草收获机等。

1. 联合收割机

一次完成谷类作物的收割、脱粒、分离茎秆、清除杂余等工序，从田间直接获得谷粒的谷物收获机械，简称谷物联收机，在 20 世纪 50 年代初被称作康拜因。其形制多样，联合收割机种类较多，通常分为四大类：一是自走轮式全喂入联合收割机，此种机型比较适合华北、东北、西北、中原地区以及旱地环境作业，以收获小麦为主、兼收水稻；二是自走履带式全喂入联合收割机，该机型比较适合华中及以南地区的水旱地或水田湿性土壤作业，适用于小麦和水稻作物的收获；三是自走履带式半喂入联合收割机，此机型主要适用于水稻收获，可兼收小麦，并能适应深泥脚、倒伏严重的收割条件，同时还能保证收割后的茎秆完整；四是悬挂式联合收割机，该机型利用拖拉机动力进行收获联合作业，有单动力和双动力两种，可以一机多用。各种形制的收割机如图 8-56、图 8-57、图 8-58、图 8-59、图 8-60、图 8-61、图 8-62 所示。

图 8-56　自走轮式全喂入联合收割机

图 8-57　自走履带式全喂入谷物联合收割机

图 8-58　自走履带式半喂入谷物联合收割机

图 8-59　大豆专用割台

图 8-60　背负式谷物联合收割机

图 8-61　背负式玉米联合收割机

图 8-62　自走式玉米联合收割机

2. 割晒机

由割台、切割器、拨禾轮和输送带组成，幅宽 4~5 米，最大可达 10~12 米，每小时可收割小麦 3 500~4 000 平方米，作业时割倒小麦禾秆，将其摊铺在留茬上，成为穗尾搭接的禾秆，以便于晾晒谷物，晾晒后的禾秆由谷物联合收获机捡拾收获，也可用于收割牧草，割晒机有自走式、拖拉机牵引式和悬挂式 3 种类型。各种形制的割晒机如图 8-63、图 8-64、图 8-65 所示。

图 8-63　自走式割晒机

图 8-64　悬挂式割晒机

图 8-65　牵引式割晒机

3. 割捆机

收割谷类作物并自动将它捆成一定大小禾捆的收获机械，它一般与拖拉机配套使用，有自走式、牵引式、悬挂式等类型。各种形制的割捆机如图 8-66、图 8 -67 所示。

图 8-66　自走式割捆机

图 8-67　牵引式割捆机

4. 脱粒机

用以脱掉收割后的谷物粒子的收获机械，通常由电动机或内燃机驱动，安置在场院上进行固定作业。脱粒机按其喂入方式可分为全喂入和半喂入两类，全喂入筒式脱粒机由喂入台、机架、脱粒装置和传动装置等组成，其结构简单，操作方便；半喂入式脱粒机主要用于稻谷脱粒，可保持脱粒后的秸秆相对完整，便于综合利用，其脱粒装置为弓齿滚筒式。各种形制的脱粒机如图 8-68、图 8-69、图 8-70 所示。

图 8-68　小麦脱粒机

图 8-69　水稻脱粒机

图 8-70　玉米脱粒机

5. 扬场机

用于精选稻麦籽粒的一种场上机械，其工作原理是利用动力带动滚筒高速旋转，从而将杂质分离。其形制如图 8-71 所示。

图 8-71　扬场机

6. 秸秆收获机

专门用于玉米、棉花等作物秸秆的收割、粉碎、回收的农业机械，有秸秆收割机、秸秆还田机、秸秆粉碎回收机等。秸秆收割机，作业时由拖拉机牵引机器沿作物垄方向前进，割刀将秸秆割掉，秸秆通过上、中、下 3 条输送链条右侧方向输出，并自然摆放，完成收割；秸秆还田机、回收机，工作时由拖拉机牵引把秸秆粉碎后铺撒在地里或回收至车厢内，按其配置方式可分为卧式切碎还田机和立式秸秆还田机两种类型。各种形制的秸秆收获机如图 8-72、图 8-73、图 8-74 所示。

图 8-72　秸秆回收机

图 8-73　玉米秸秆收割机

图 8-74　玉米秸秆还田机

7. 扒皮机

一种专门用于玉米穗子去皮的农业机械，它安全方便，动力小，能源消耗低，作业效率高，每小时可扒玉米 1 000 多千克。其形制如图 8-75 所示。

图 8-75　玉米扒皮机

8. 棉花收获机

专业用于棉花的采摘、秸秆拔除的机械。常用的有小型电动手提式采棉机、大型机动自走式采棉机、牵引式拔柴机、牵引式秸秆收获粉碎回收机等。各种形制的收获机如图8-76、图8-77、图8-78、图8-79所示。

图 8-76　手提式采棉机

图 8-77　手提式采棉机

图 8-78　自走式采棉机

图 8-79　牵引式拔柴机

9. 蔬菜收获机

收割、采摘、挖掘蔬菜食用部分，并进行装运、清理、分级、包装等作业的机械。按其收获部位的不同，可分为根菜类收获机、果菜类收获机和叶菜类收获机三大类，根菜类收获机以收获胡萝卜、萝卜、大葱为主，有挖掘式和联合作业式两种类型；果菜类收获机以收获番茄、黄瓜、辣椒为主，叶菜类收获机以收获菠菜、白菜、甘蓝、芹菜为主。常用的有马铃薯收获机、胡萝卜收获机等。各种形制的收获机具如图 8-80、图 8-81、图 8-82、图 8-83 所示。

图 8-80　牵引式马铃薯收获机

图 8-81　马铃薯联合收获机

图 8-82　自走式胡萝卜联合收获机

图 8-83 大葱收获机

10. 采茶机

从茶树顶梢采收新嫩茶叶的作物收获机械，其形制多样，按操作手人数可分为单人采茶机和双人采茶机两种，按动力能源可分为燃油型机动采茶机、蓄电池电动采茶机和手摇软轴传动式采茶机，按结构功能可分为带鼓风机式采茶机和不带鼓风机式采茶机，按行走方式可分为手提式采茶机、担架式采茶机、手扶式采茶机和自走式采茶机，按切割刀形式可分为往复切割式采茶机、螺旋滚刀式采茶机和水平旋转钩刀式采茶机，按采摘方法可分为选择性采茶机和非选择性采茶机。各种形制的采茶机如图 8-84、图 8-85 所示。

图 8-84 弧形双人采茶机

图 8-85 背负式单人采茶机

11. 花生收获机

用于花生挖果、分离泥土、铺条、捡拾、摘果、清选等项作业的收获机械。

常用的有挖掘铲、摘果机、花生联合收获机等。其中，摘果机有钉齿滚筒式和凹板式两种机型；花生联合收获机有挖掘式、拔取式两种机型。各种形制的花生收获机具如图 8-86、图 8-87、图 8-88 所示。

图 8-86　花生摘果机

图 8-87　花生联合收获机

图 8-88　牵引式花生收获机

12. 甘蔗收获机

用于甘蔗割到、剥叶、捆绑的机械，常用的有割铺机、剥叶机、联合收割机，其中联合收割机由动力装置、砍切装置、刷叶装置和储存仓等 4 部分组成，动力装置在田间行驶的同时给砍切装置和刷叶装置提供动力，使砍切装置将甘蔗砍倒，再由刷叶装置将甘蔗表面苞叶清除，然后将收获的甘蔗送入储存仓暂存或捆绑。各种形制的甘蔗收获机具如图 8-89、图 8-90、图 8-91 所示。

图 8-89　甘蔗割铺机

图 8-90　甘蔗剥叶机

图 8-91　甘蔗联合收割机

13. 牧草收获机

用于牧草收割、捡拾、压捆的机械，常用的有收割机、搂草机、打捆机、抓草机。其中收割机与谷物收割机通用，有小型手扶式和大型自走式等类型。各种形制的牧草收获机具如图 8-92、图 8-93、图 8-94 所示。

图 8-92　牵引式收割搂草机

图 8-93　自走式抓草机

图 8-94　牵引式打捆机

第九章

运输工具

运输工具，是指运输所用的有关农具。在《齐民要术》中，有关储运工具的记述出现在卷二、卷三、卷七中，涉及辇、车、䡓车、牛车等几种工具。

究其运输工具的沿革，我们以《齐民要术》所涉及的这些工具为研究主题，经分析考证分类，以图文并茂的形式整理出以下内容。

最原始的运输方式是手提、头顶、肩挑、背扛，使用最早的运输工具是木棒，就是抬杠扁担的雏形，后来从渔猎时代进入了畜牧时代，牛马等驯化成家畜利用筐篓驮运，供人役使，驮兽便成了人类的运输工具，在发明车辆之前，人们已知道拖着物体走要比肩扛、背负、手抬省力，于是发明了运送物体早期的橇，在远古时代还发明了跨越水域的独木舟。车的出现来源于原始运输工具橇，相传黄帝创造了一种前顶较高而有帐幕的车子；商代，发明了铁轮大车，这期间不但有了车马和步辇，还有了水上运输的工具舟船，马鞍子、垫肩、夹杠、撇绳等车马绳套也逐步完善；汉代，出现了独轮车，形成了马车（小车）、牛车（大车）、手推车共存的局面。

民国时期，运输工具已比较齐全，传统的人力运输工具有抬杠、扁担、挑箩、背架及排筏、木划子、手推车、自行车、三轮脚踏车，传统畜力运输工具有橇、爬犁、驮篓、大板车、太平车、拖车等，机动汽车也开始应用。

新中国成立后，推行车辆胶轮化、轴承化后，大、小木轮车逐渐被胶轮大车、地排车、手推车、粪土车替代。后随着科学技术的不断发展，运输工具也得到不断改进，逐渐由以地排车、大板车、太平车、拖拉机、自行车等工具为主，发展到自行车、三轮车、摩托车、拖拉机、电瓶车、汽车等成为常用运输工具。

一、抬杠

长约2米的圆杠，使用时两人各抬一端，多以搬运笨重距离较短之物。

二、扁担

亦称"挑子""扁挑"，有挑扁担与抬扁担之分，以坚韧木质做成，长约2米，一般平直，也有弯弓形的，扁担有尖头平头之分，尖头多用于搬运庄稼和柴草，平头两端各系带钩铁链或绳索，勾挂搬运之物以肩挑之。各种形制的扁担如图9-1、图9-2、图9-3所示。

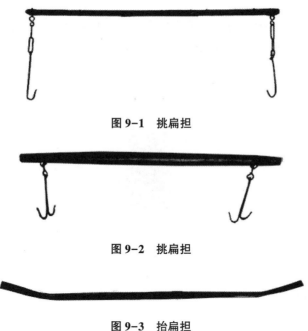

图9-1　挑扁担

图9-2　挑扁担

图9-3　抬扁担

三、挑箩

竹制，主要用于运送粮食等物品，由竹筐和扁担组成。其形制如图9-4所示。

图 9-4　挑箩

四、背架

木制，形似小木梯，长宽不等，长有 1 米、1.5 米、1.75 米等型号，分背物架和背人架两种类型。其形制如图 9-5 所示。

图 9-5　背架

五、排筏

一种用于水上运输的工具，由竹子或木棒排列制成。其形制如图 9-6 所示。

图 9-6　排筏

六、木划子

又叫"小木船"，为农村湖汊、沟港水上短途运输工具，主要用于运送旅客、货物。其形制如图9-7所示。

图9-7　渡船

七、独轮车

又称"手推车"，还因地域之别有"鸡公车""二把手车""羊角车""小车""土车子""粪车子"等多种俗称，相传其创始者是三国时的蜀相诸葛亮，它的前身就是木牛流马。在近现代交通运输工具普及之前，是一种轻便的运物、载人工具，特别在北方，几乎与毛驴起同样的作用。新中国成立前的独轮车，车轮为木制，有大有小，小者车盘平，大者高于车盘，将车盘分成左右两边，可载物，也可坐人，但两边须保持平衡，在两车把之间挂车绊，驾车时搭在肩上，两手持把，以助其力，独轮车一般为一人往前推，但也有大型的独轮车用以载物，前后各有双把，前拉后推，称作"二把手"，由于车子只是凭一只单轮着地，不需要选择路面的宽度，所以窄路、巷道、田埂、木桥都能通过，又由于是单轮，车子走过，地面上留下的痕迹，是一条直线或曲线，所以又名"线车"，这种独轮车，在北方汉族与排子大车相比身形较小，俗称"小车"，在西南汉族，用它行驶时"叽咯叽咯"响个不停，俗称"鸡公车"，江南汉族因它前头尖，后头两个推把如同羊角，俗称"羊角车"。独轮车改木轮为胶轮后，因更加轻便省力，在很长一段时间里，一直是农村的主要运输工具之一。另外，独轮车在装运粪土、粮食时，往往配用条编或竹编长筐，名为"偏篓"，又称"粪篓"。各种形制的独轮车如图9-8、图9-9、图9-10、图9-11、图9-12、图9-13、图9-14、图9-15、图9-16、图9-17所示。

图 9-8　小木轮车

图 9-9　大木轮车

图 9-10　鸡公车

图 9-11　羊角车

图 9-12　木轮土车子

图 9-13　平盘木轮车

图 9-14　二把手车

图 9-15　平盘胶轮车

图 9-16　胶轮粪土车

图 9-17　胶轮运粮车

八、自行车

又称"脚踏车"或"单车"，二轮的小型陆上车辆，人骑上车后，以脚踩踏板为动力行驶，自行车即可载人，也可载物，过去在农村常用此载运小量的粮食、化肥等物资。其形制多样，种类繁多，有大轮直梁的、有小轮直梁的、有小轮双梁的、有小轮弯梁的、还有粗轮弯梁的。各种形制的自行车如图 9-18、图 9-19、图 9-20 所示。

图 9-18　大轮直梁车

图 9-19　小轮直梁车

图 9-20　小轮弯梁车

九、三轮脚踏车

安装 3 个轮的脚踏车，装置车厢或平板，用来载人或装货，在 20 世纪 30 年代以后非常流行，逐步取代了黄包车的地位。三轮车状似人力车与自行车的一种结合体，其形制有多种样式。各种形制的三轮脚踏车如图 9-21、图 9-22、图 9-23所示。

图 9-21　大三轮车

图9-22　中型三轮车

图9-23　小型三轮车

十、橇

雪橇的前身，是古代人在泥路上行走所乘的一种木制工具。其形制如图9-24所示。

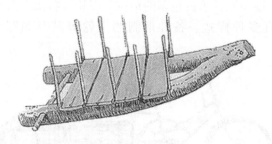

图9-24　古木橇

十一、爬犁

亦称"雪橇""扒犁"，清代开始应用。它是一种在冰雪上用狗、鹿、马、牛等拉力滑行的没有轮子的运输工具，在寒冷多冰的伊犁、阿勒泰等地方较常见，其规格大小不等，有 10 多种，小爬犁可乘坐 1 人，大爬犁可乘坐 20 人，可拉重 1~2 千克。爬犁大部分为手工制作，一般是采用两根 3 米多长的硬杂木杆，前端烘烤弯如弓形向上翘起作辕子，后部为木架板箱，坐人或装货，如果专供人乘坐，还可以搭篷挡风御寒。其构造如图 9-25 马拉爬犁所示。

图 9-25　马拉爬犁

十二、马鞍子

也称"马鞍"，一种放在牲口背上驮运东西或供人骑坐的器具，两头高，中间低，由鞍架、皮具构成。其形制如图 9-26 所示。

图 9-26　马鞍子

十三、驮篓

驮篓也叫"马架子"，一种固定于一张弓形木架上的器具，山区多用驴驮，做运输工具。其形制如图 9-27 所示。

图 9-27　驮篓

十四、大车

用牲口拉的两轮或四轮车，也叫"板车""大板车"，是旧时我国城乡最普遍的交通运输工具。大车的车体由车辕、车身、车尾 3 部分组成，车辕前后处还有马鞍、大肚、夹板子、后兜等部件用来将马和车连接起来，其分类很多，按照通常习惯分为大车（又称马车，用马和骡子牵引）、牛车（用牛，有时还加上驴牵引）、驴车（也叫地排车，体重比前两种小，用驴牵引，有的也用人拉），按其轮子结构及使用顺序可分为木轮大瓦车、胶轮大车。大车在运粪、运土、运地瓜、玉米穗时，两头装条编帘子保护，名为"粪帘子"，在装麦、装柴草时，两边装木栅，名为"排叉"，如装载很高，则以粗绳绑缚，其绳名为"大绳"。各种形制的大车及配套工具如图 9-28、图 9-29、图 9-30、图 9-31 所示。

图 9-28　木轮马车

图 9-29　木轮牛车

图 9-30　胶轮马车

图 9-31　胶轮地排车

十五、太平车

呈长方体，有车棚、车毂、车轵轮等主要构件。车身四周木板被铁铆和木楔固定，车的两侧有 4 个木轮子，均由一段段的弓形厚铁瓦围镶着轮边，两边的车帮是双木条，双帮的纵底木之间卡着车轮的铁质横轴，不影响车轮在双帮之间转动。4 个轵辘转起来，行驶中会发出"咕噜""咕噜"的声音。它是我国古代造车工艺趋向成熟的标志，因为保持着夏代辚车的雏形，所以被称为"中国车辆活化石"。太平车的行进方式与其他木车不同，即由人驾辕，牲畜拉车，虽然车速很慢，但行进十分平稳，它具有载重量大的特点，非常适宜于在地势平坦的地区短途运输大批量的东西。历史上，它曾长期作为一种重要的运输工具。其形制如图 9-32 所示。

图 9-32　太平车

十六、拖车

按其牵引形式可分为畜力牵引拖车、机械牵引拖车。畜力牵引拖车，为一种方形木架，下设两长木，置农具、杂物其上，用畜拉着下田，常见于平原洼地、黄河滩区；机械牵引拖车由胶轮、车架、车厢等构件组成，有两轮、四轮等类型，两轮的一般与手扶拖拉机、12马力拖拉机配套，四轮的一般与25马力、50马力等大型拖拉机配套使用。各种形制的拖车如图9-33、图9-34、图9-35所示。

图 9-33　手扶拖拉机拖车

图 9-34　小型拖拉机拖车

图 9-35　大型拖拉机拖车

十七、摩托车

由汽油机驱动，靠手把操纵前轮转向的两轮或三轮车，轻便灵活，行驶迅速，广泛用于巡逻、客货运输等，也用作体育运动器械。各种形制的摩托车如图9-36、图9-37、图9-38所示。

图9-36 二轮摩托车

图9-37 载人三轮摩托车

图9-38 半封闭载货三轮摩托车

十八、电瓶车

又称为"电动车"，它是由蓄电池（电瓶）提供电能，由电动机驱动的纯电动机动车辆，有二轮、三轮之分，这种车辆即能载人也能载物，近年来，已得到广泛的普及应用。各种形制的电瓶车如图9-39、图9-40、图9-41、图9-42、图9-43所示。

图 9-39　二轮电瓶车

图 9-40　小型二轮电瓶车

图 9-41　踏板电瓶车

图 9-42　载人三轮电瓶车

图 9-43　载货三轮电瓶车

十九、汽车

应用于农村的汽车不论是载人的还是载物的，都呈现了逐渐增长的状况。用于农业运输的以农用三轮车、四轮车为最多，还有用于农作物长途运输的六轮、十轮等大车；载人的种类更多，有各种类型的小轿车、面包车，还有大型的客运车。各种形制的汽车如图 9-44、图 9-45、图 9-46 所示。

图 9-44　农用三轮车

图 9-45　农用四轮车

图 9-46　大型运输车

第十章

称量工具

称量工具，统称度量衡器，是指称重、度量所用的有关农具，其中，度是计量长短的用的器具，量是测定计算容积的器皿，衡是测量轻重的工具。在《齐民要术》中，有关称量工具的记述出现在卷一、卷二、卷三、卷四、卷五、卷六、卷七、卷八、卷九中，涉及升、斗、斛等工具。

究其称量工具的沿革，我们以《齐民要术》所涉及的这些工具为研究主题，经分析考证分类，以图文并茂的形式整理出以下内容。

量长短的器具最早是出现于商朝的象牙尺，后来逐渐增添了石、木、骨、漆、鎏金刻花、铁等材料的直尺，汉代还出现了青铜卡尺，以后逐渐又有了折叠尺、测量绳、卷尺等，现今常见的量尺有木或金属直尺、金属卷尺、游标卡尺以及测量绳等；测量质量的工具，古代人们最早是使用天平来测量质量的，天平的本质是等臂杠杆（古称衡），支点在中间，两端分别挂上待测物体与砝码（古称权），西汉后，权衡器逐渐转化为不等臂的杆秤、秤砣，其实在远古时代，人们是凭借感觉定量物体多少的，如以"手捧为升"量粮食，直到春秋战国时期，测量粮食的多少仍使用升、斗、斛等来测量其容量，后来还出现了测量油、酒、醋等液体的器具提子，现在比较常用的有杆秤、台秤、案秤等器具。

一、直尺

一种形制笔直的尺子，通常用于量度较短的距离或画直线使用。直尺用料多样，古以石、木、骨为主，现在多是用竹、木、钢、铝、塑料、纤维等材料制成。直尺有长有短，常见的是 1 米的米尺和 15 厘米的短尺，古代直尺刻度以分、寸、尺计量，新式直尺其刻度以毫米、厘米、米计量。各种形制的直尺如图 10-1、图 10-2、图 10-3、图 10-4、图 10-5、图 10-6 所示。

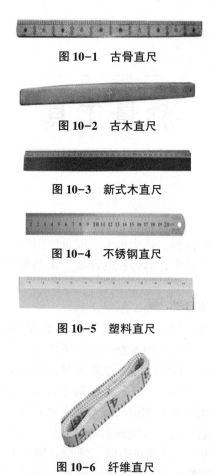

图 10-1　古骨直尺

图 10-2　古木直尺

图 10-3　新式木直尺

图 10-4　不锈钢直尺

图 10-5　塑料直尺

图 10-6　纤维直尺

二、青铜卡尺

一种由固定尺和活动尺等部件构成的青铜量具，与现代游标卡尺非常相似，它是一种多功能量具，既可测器物的直径，又可测其深度以及长、宽、厚，与直尺相比既方便又精确。其形制如图 10-7 所示。

图 10-7　青铜卡尺

三、折叠尺

俗称"尺杆子"，是由多个直尺用轴连接而成的量具，有木制、金属制等类型，常见的有 1 米、2 米等形制的。其形制如图 10-8、图 10-9 所示。

图 10-8　老式折叠尺

图 10-9　新式折叠尺

四、测量绳

也称"百米绳"，一种采用拉力大伸缩性小的材质制成的像绳子一样的量具，常用于丈量土地，常用的有 20 米、30 米、50 米、70 米、100 米等型号。其形制如图 10-10 所示。

图 10-10　测量绳

五、卷尺

一种能在弹簧力的作用下进行收缩的量具，常用的卷尺多为钢制，也有纤维卷尺（俗称皮尺、软尺、拉尺）。各种形制的卷尺如图 10-11、图 10-12 所示。

图 10-11　皮卷尺

图 10-12　钢卷尺

六、游标卡尺

由汉代的铜卡尺演变发展而来，是一种测量长度、内外径、深度的量具，它由主尺和附在主尺上能滑动的游标两部分构成，主尺一般以毫米为单位，而游标上则有 10 个、20 个或 50 个分格，根据分格的不同，游标卡尺可分为十分度游标卡尺、二十分度游标卡尺、五十分度格游标卡尺等，游标为 10 分度的有 9 毫米，

20 分度的有 19 毫米，50 分度的有 49 毫米。游标卡尺的主尺和游标上有两副活动量爪，分别是内测量爪和外测量爪，内测量爪通常用来测量内径，外测量爪通常用来测量长度和外径。其形制如图 10-13 所示。

图 10-13　游标卡尺

七、天平

　　一种依据杠杆原理制成衡器，由支点（轴）在梁的中心支着天平梁而形成两个臂，每个臂上挂着一个盘，其中一个盘里放着已知质量的物体，另一个盘里放待测物体，固定在梁上的指针在不摆动且指向正中刻度时的偏转就指示出待测物体的质量。其形制如图 10-14 所示。

图 10-14　古式天平

八、杆秤

　　是利用杠杆原理来称质量的简易衡器，由木制的带有秤星的秤杆、金属秤、提绳等组成。它是人类发明的各种衡器中历史最悠久的一种，从外形上可以大、小区分，有称数百千克的大秤，也有称数千克的小秤，从计量上可分为老式秤和新式秤（包括 16 两和 10 两秤）。各种形制的杆秤如图 10-15、图 10-16 所示。

图 10-15　大杆秤

图 10-16　小杆秤

九、升、斗、斛

同是用于测量粮食体积的器具，以木制、柳编为最多。升最小，斛最大，十升为一斗，十斗为一斛。其形制分别如图 10-17、图 10-18、图 10-19 所示。

图 10-17　升

图 10-18　斗

图 10-19 斛

十、提子

用于测量豆油、酒、醋等液体的器具，有铜制、木制、竹制、铁制、塑料制等多种类型。各种形制的提子如图 10-20、图 10-21、图 10-22、图 10-23 所示。

图 10-20 古铜提

图 10-21 铜提

图 10-22　木提

图 10-23　竹提

十一、台秤

在地面上使用承重装置为矩形台面的小型衡器。按结构原理可分为机械台秤和电子台秤两种类型，机械台秤由承重装置、读数装置、基层杠杆和秤体等部分组成，电子台秤由承重台面、秤体、称重传感器、称重显示器和稳压电源等部分组成。各种形制的台秤如图 10-24、图 10-25、图 10-26 所示。

图 10-24　大机械秤

图 10-25　小机械秤

图 10-26　电子秤

十二、案秤

工作台案或在柜台上使用的小型衡器，按结构和功能可分为普通案秤和电子计价案秤两种类型。普通案秤由底座、支架、连杆、刀架、调整砣、承重盘、游码、刻度片和增砣等组成；电子计价案秤由高精度电阻应变式称重传感器、承重装置和称重显示器等部分组成。各种形制的案秤如图 10-27、图 10-28、图 10-29、图 10-30 所示。

图 10-27　普通案秤

图 10-28　机械案秤

图 10-29　电子案秤

图 10-30　电子案秤

第十一章

加工工具

　　加工工具，是指加工农副产品所用的有关农具。在《齐民要术》中，有关加工工具的记述出现在卷一、卷二、卷五、卷六、卷七、卷八中，涉及粮食加工及酿酒、制曲、作酱、面食、造盐等多个区域，出现了磨、杵、臼、碓、簸、罗、筛、斧、锅（釜、铛）、碗、瓢、盆、杓、盘（柈）、炊帚、蒸笼、布帊、刀、筲箄、箔、瓮、甑等数十种工具。

　　究其加工工具的沿革，我们以《齐民要术》所涉及的这些工具为研究主题，经分析考证分类，以图文并茂的形式整理出以下内容：

　　农副产品加工，又称农业物料加工，其加工工具即是对农业生产的动植物产品及其物料进行加工所用的有关工具。重要的有粮食加工工具、饲草加工工具、棉麻类加工工具、木材加工工具、草编加工工具以及酿造、榨油、肉制品、面食、淀粉制品、制盐等副产品深加工工具。

一、粮食加工工具

　　最早大约出现在旧石器时代的晚期，使用的工具有石磨盘、磨棒和杵臼。西汉时期，先后用上了了脚踏碓、畜力碓和水碓，石磨盘也改进为磨、砻，并有了箩、箩架、筐箩、瓢等配套面具。晋、南北朝时期，又出现了由水力同时驱动几个碓以加工粮食的"连机碓"和石碾。到明末，我国的碾米工艺和机具已初步完善。清末引进横式铁辊筒碾米机和立式砂臼碾米机后，粮食加工机械进一步发展。新中国成立后，发展农业机械化，粉碎机、磨面机逐步得到利用，古老的石磨、石碾通过改造加上了电动机驱动，随着机械化工具的不断增多，使用了长达千余年的石磨、石碾和砻磨逐渐退出历史舞台，如今我国粮食加工已全部实现了机械化，除杂的、脱壳的、去皮的、研磨的、筛选的、粉碎的各种机具应有尽有，应用广泛的有粉碎机、磨面机、碾米机、磨浆机等。

1. 石磨盘

是7 000多年前的谷物加工工具。其形状像一块长石板，两头呈圆弧形，整体呈鞋底状。它是用整块的砂岩石磨制而成的，大多石磨盘的底部有4个圆柱状的磨盘腿，高为3~6厘米，一般石磨盘的长度在70厘米，最长者可达1米，宽度一般为20~30厘米。与其配套使用的是石磨棒，其长度一般在30~40厘米，直径约在6厘米。其结构如图11-1所示。

图 11-1　石磨盘、石磨棒

2. 杵臼

杵，舂米的棒子，有石质和木质之分；臼，舂米的器具，用石头或木头制成，中间凹下。最早的杵臼一杵一臼，采取挖地为臼，用手执木杵舂打。各种形制的杵臼如图11-2、图11-3所示。

图 11-2　石杵臼

图 11-3　木石杵臼

3. 碓

以木、石为材料做成的舂米器具，由杵臼发展而来。按其使用动力可分为人力脚踏碓、畜力碓和水碓。人力脚踏碓，即是用两条柱子架起一根碓杆，杆的一端安上木制或石雕的杵槌，用脚踏起另一端，一踏一放，一起一落，进行舂米，与杵臼相比，劳动强度得到减轻，效率也有很大提高；畜力碓，即是利用畜力在一定的地点进行一个横轴回转运动，再从横轴上的拨板以拨动碓杆的一头（相当于一个斜齿轮的传动）进行舂米的工具；水碓，也叫"车碓"，是采用踏碓与水轮车的有机结合，用水力代替人力进行舂米的工具，水碓除了舂米，后来还开发、扩展到用于碓碎油茶籽榨油、捣竹木为浆造纸、捣碾陶瓷土坯等项目，一部水轮车根据水量大小可带动一杠或数杠米碓，带动两杠以上的被称为"连机碓"。实际上，碓这一工具，不仅仅是去掉稻谷的皮的工具，它还可以将粮食碓成粉。其形制如图 11-4、图 11-5、图 11-6、图 11-7 所示。

图 11-4　脚踏碓

图 11-5　脚踏碓操作

图 11-6　水碓操作

图 11-7　连机碓操作

4. 石磨

一种采用人力、畜力或水利把粮食去皮或研磨成粉末、浆的石制传统工具，由两块尺寸相同的短圆柱形石块和磨盘构成。石磨一般是架在石头或土坯等搭成的台子上，接面粉用的石或木制的磨盘上摞着磨的下扇（不动盘）和上扇（转动盘），两扇磨的接触面上都錾有排列整齐的磨齿，用以磨碎粮食，上扇有两个（小磨一个）磨眼，供漏下粮食用，两扇磨之间有磨脐子（铁轴），以防止上扇在转动时从下扇上掉下来。石磨的尺寸不等，直径超过 1.2 米的大磨，需用 3 匹马同时拉，50 市斤粮食用 10 多分钟就能拉一遍，一般磨直径在 80 厘米左右，用一个人或一头驴推拉，小磨直径不足 40 厘米，能放在笸箩里，用手摇动，用于拉花椒面等，还有拉豆腐汁和煎饼糊子的水磨以及经过改造的电动石磨。各种形制的石磨、水磨形制如图 11-8、图 11-9、图 11-10、图 11-11、图 11-12 所示。

图 11-8　磨面石磨

图 11-9　拉汁石磨

图 11-10　电动石磨

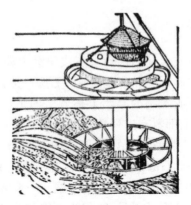

图 11-11　水磨操作

图 11-12　二连水磨操作

5. 石碾

用于谷物等破碎、去皮的工具，过去，北方大部分地区麦黍等粮食脱壳、去皮时使用，它由碾台、碾盘、碾滚和碾架等组成。碾盘中心设竖轴，连碾架，架中装碾滚子，多以人推或畜拉，也有经过改造采用电动牵引的石碾，通过碾滚子在碾盘上来回滚动达到碾轧脱壳的目的。其构造如图 11-13、图 11-14 所示。

图 11-13　石碾

图 11-14　电动石碾

6. 砻磨

用于稻谷脱去壳的农具，其形状略像磨，多以竹、泥及木料制成。其构造如图 11-15 所示。

图 11-15　砻磨

7. 面具

箩、箩架、筐箩、瓢、筲帚等为碾米、磨面的配套工具。面箩，主要用以筛箩面粉，用密箩网则面粉白细，用疏箩网则面粉黑粗，农家磨麦子，一般前三遍磨箩过的白细面粉以作面条，后三、四遍磨箩过的稍粗黑的面粉以作蒸馍，它是用长约四尺二寸（合今 1.4 米）、宽约五寸（合今 16 厘米）、厚约半公分（合今 0.5 厘米）的柳木板经煨烤加工弯曲成环形圈，取箩圈平整坚固的一边作底，在圈底内圈紧套两头相接宽约三分（合今 3 厘米）、厚约一分（合今 1 厘米）的柳木圈，在两圈之间紧夹用铜丝织成的箩网底制成的，现在也有了用铁皮制作的铁

159

面箩；箩架，是用长约一尺（合今 33 厘米）、宽约一寸（合今 3.3 厘米）、厚约四五分（合今四五厘米）的两块木板作档，中上部榫铆套装长约 1 米、平行的两根木桄制成的；筐箩，也简称"筐篮"，是用剥皮柳条与细绳编织而成，其径约四尺（合今 1.33 米）、深约一尺二寸（合今 40 厘米）、圆口、平底、腹带稍鼓；面瓢，主要用于挖盛面粉，它是用成熟的葫芦锯开经去定型晒干而成的；笤帚，用于清扫米面，一般用蜀黍秸制成，还用来扫炕、扫床。各种形制的面具如图 11-16、图 11-17、图 11-18、图 11-19、图 11-20 所示。

图 11-16　面箩、箩架

图 11-17　铁面箩

图 11-18　面瓢

图 11-19 笤帚

图 11-20 笸箩

8. 碾米机

用以将糙米除去糠层（皮层和胚芽），碾成白米的机具，其主要工作部件是由旋转碾辊及其外围的钢板冲孔米筛形成的碾白室，按其部件工作原理的不同，可分擦离型、碾削型和混合型 3 类。擦离型碾米机主要是靠米粒与米粒间以及米粒与碾辊、米筛等部件间的擦离作用除去糠层，有铁辊筒碾米机和喷风铁辊筒碾米机两种形制；碾削型碾米机主要是靠金刚砂辊或砂臼上密集的尖锐砂粒对米粒的碾削和切割作用除去糠层，常用的有立式砂臼碾米机和横式砂辊碾米机两种形制；混合型碾米机即碾削擦离组合碾米机，其碾米部件为铸铁碾辊和金刚砂辊两者的结合，其结合的方式有两种，一种是在砂辊后面接一小段铁辊，另一种是采用上、下两个碾辊，砂辊在上，铁辊在下，砂辊完成主要的碾白任务，铁辊起辅助作用，最终完成碾白。各种形制的碾米机如图 11-21、图 11-22、图 11-23 所示。

图 11-21 家用小型碾米机

图 11-22　大型碾米机

图 11-23　大型组合碾米机

9. 粉碎机

　　用以将大尺寸的固体原料粉碎至要求尺寸的机具，常用于地瓜干、玉米等粮食的加工，它是饲料加工的重要机具。其形制如图 11-24 所示。

图 11-24　玉米粉碎机

10. 磨面机

是一种由动力、进料、碾磨和分离系统组成的磨面机械。其内、外磨头下端的配合面呈圆柱形，磨头的上方由两个向心球轴承作为两个主支承点，内、外磨头下端的圆柱作为旋转辅助支承点，并由内磨头的轴向移动调整内、外磨头的间隙，可将磨碎的粮食直接从磨头间隙经箩架落到箩底上，由可调整间隙的刷子与箩底将面粉与麸子分离开。有风冷式锥体小型磨面机、自动台式磨面机、爪式磨面机、微晶磨面机等类型。各种形制的磨面机如图 11-25、图 11-26、图 11-27所示。

图 11-25　风冷式锥体小型磨面机

图 11-26　卧式小钢炮磨面机

图 11-27　大型小麦磨面机

11. 磨浆机

采用离心式碾磨原理把豆类磨成浆的机器，其用途广泛，可将大米、小麦、黄豆、花生、芝麻、玉米等五谷杂粮加工成粉浆。各种形制的磨浆机如图 11-28、图 11-29 所示。

图 11-28 大型卧式磨浆机

图 11-29 大型立式磨浆机

二、饲草加工工具

在宋代以前，一直没有专业的饲草加工工具，宋代才开始使用铡刀，直到新中国成立后用上粉碎机、铡草机，饲草加工工具种类才有明显增加，随着养殖业的迅猛发展，饲草加工机械不断增多，现在广范应用的有饲料粉碎机、铡草机、青贮饲料机、颗粒饲料机等。

1. 铡刀

切草或切其他东西的器具，它是新中国成立前至 20 世纪 50—60 年代主要的饲草加工工具，其主要构造部件有铡刀（铁制）、铡床、铡柄（木制），在铡床上安刀，刀的一头固定，一头有把，可以上下活动，工作时一人喂料，一人按刀。其形制如图 11-30 所示。

图 11-30　铡刀

2. 饲料粉碎机

主要用于粉碎各种饲料和各种粗饲料的机具，有对辊式、锤片式、齿爪式等类型。对辊式粉碎机是利用一对作相对旋转的圆柱体磨辊来锯切、研磨饲料的机械，锤片式粉碎机是利用高速旋转的锤片来击碎饲料的机械，齿爪式粉碎机是利用高速旋转的齿爪来击碎饲料的机械。各种形制的粉碎机如图 11-31、图 11-32 所示。

图 11-31　饲草粉碎机

图 11-32　饲草粉碎机

3. 铡草机

一种用于铡切青（干）农作物秸秆及牧草的农业畜牧饲料加工机械，由喂入机构、铡切机构、抛送机构、传动机构、行走机构、防护装置和机架等部分组成，以电机或柴油机作为配套动力。其形制多样，按其结构形式可分为圆盘式、筒式两种类型，按其切铡范围可分为大、中、小 3 种类型，人型铡草机主要用于切碎青贮原料，又称"青贮饲料切碎机"，以铡切玉米秸为主，中型铡草机也可以切碎干秸秆和青饲料，故又称"秸秆青贮饲料切碎机"，以铡切青（干）玉米秸秆、稻草等各种农作物秸秆及牧草。各种形制的铡草机如图 11-33、图 11-34 所示。

图 11-33　小型铡草机

图 11-34　大型铡草机

4. 青贮饲料机

专门用于青饲料或作物秸秆收获、粉碎，并制作青贮饲料的机械，按其与动力机械拖拉机的连接方式可分为悬挂式、牵引式和自走式等类型。各种形制的青贮饲料机如图 11-35、图 11-36、图 11-37 所示。

图 11-35 悬挂式青贮饲料机

图 11-36 牵引式青贮饲料机

图 11-37 自走式青贮饲料机

5. 颗粒饲料机

它又名"饲料颗粒机"或"颗粒饲料成型机",属于饲料制粒设备,是以玉米、豆粕、秸秆、草、稻壳等的粉碎物直接压制颗粒的饲料加工机械。按其用途可分为小型家用颗粒饲料机、家禽颗粒饲料机、小型家禽颗粒饲料机、鱼颗粒饲料机、兔子颗粒饲料机、猪颗粒饲料机、秸秆颗粒饲料机、羊颗粒饲料机等，按生产又可分为秸秆颗粒饲料机、麦麸颗粒饲料机、豆粕颗粒饲料机、玉米秸秆颗粒饲料机、木屑颗粒饲料机等。各种形制的颗粒饲料机如图 11-38、图 11-39、图 11-40、图 11-41 所示。

图 11-38　小型家用颗粒饲料机

图 11-39　小型秸秆颗粒饲料机

图 11-40　麦麸颗粒饲料机

图 11-41　大型秸秆颗粒饲料机

三、棉麻类加工工具

最早是出现在新石器时代的纺专和腰机；夏代到春秋战国时期相继出现了手摇缫车、手摇纺车、脚踏斜织机，在这个时期，我国劳动人民已经熟练地掌握了制作麻绳的技术，其麻类剥制及麻绳纺制工具也相继完善；汉时出现了脚踏纺车、束综与多综多蹑结合的花本提花机；宋代出现了脚踏缫车，还出现了适用于工场手工业的麻纺大纺车和水转大纺车；元代逐步发明了棉搅车、弹弓等棉花加工工具并得到应用，在这个时代又出现了配套缫车的丝篗、络车（南北两种形制）以及整经工具经架；明代又出现了一种缫丝者坐于车前的坐式脚踏缫车和弹花椎弓（吊弓）；清代出现了一种多锭纺纱车；民国初期，改进老式弹弓用上了木制箱式弹花弓（弹花车），并一直沿用到新中国成立初期。

新中国成立后，在推广新式农具的同时，棉麻类加工工具也得到不断发展，先后用上了轧花机、弹花机、梳理机、揉棉机、清棉机、剥绒机、棉籽榨油机、刮麻机、剥麻机、洗麻机等半机械化、机械化加工机具。

1. 纺专

又名"防坠"，是最古老的纺纱工具，由纺轮和捻杆组成。捻杆多是用木、竹、骨制作，甚至还有玉制捻杆，早期的捻杆为直的，战国以后在其顶端增置了屈钩；纺轮多由石、骨、陶、玉制成，其形状有圆形、球形、锥形、台形、蘑菇和齿轮形等，早期的纺轮比较厚重，适合纺粗的纱线，新石器时代晚期，纺轮变得轻薄而精细，可以纺更纤细的纱。纺专纺纱时，需先把要纺的麻葛或其他纤维捻一段缠在捻杆（专杆）上，然后垂下，一手提杆，一手转动纺轮（专盘），向左或向右旋转，并不断添加纤维，就可促使纤维牵伸和加捻，待纺到一定长度，即把已纺的纱缠绕到捻杆（专杆）上，然后重复再纺，一直到纺专上绕满纱为止。其形制如图 11-42、图 11-43 所示。

图 11-42　纺专

图 11-43　汉陶纺轮

2. 织机

依靠人力带动的织布工具，按其操作方式和构造形式分为腰机、脚踏斜织机、提花机等种类。

（1）腰机。席地而坐的踞织机，是我国最古老的织机，它以人的身体作为机架，织轴用腰背或腰带缚于织者腰上，其主要结构有前后两根横木（相当于现代织机上的卷布轴和经轴），另有一把打纬刀，一个纡子，一根比较粗的分经棍和一根较细的综杆，分经棍把奇偶数经纱分成上下两层，经纱的一端系于木柱之上，另一端系于织作者腰部。其型制如图 11-44 所示。

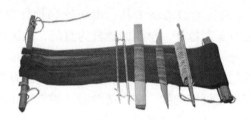

图 11-44　腰机

（2）脚踏斜织机。它是在腰机的基础上发明的，因其经面与水平机座呈

50°~60°的倾角，被称为"斜织机"。斜织机与构造简单的原始腰机不同，斜织机是一种配备有杼、经轴、卷轴、综片（单综）、踏板和机架的完整织机，它采用杠杆原理，用脚踏板来控制综片的升降，使经纱分成上下两层，形成一个三角形开口，以织造平纹织物。汉代斜织机最主要的类型是中轴式斜织机，织机的两个踏板均用绳子或木杆与一根中轴相连，再由中轴来控制综片开口。斜织机采用脚踏提综开口装置，将织工的双手解脱出来，专门从事引纬和打纬的工作。其形制如图11-45所示。

图11-45　脚踏斜织机

（3）提花机。即"花本式提花机"，又称"花楼"。是我国古代织造技术最高成就的代表，它用线制花本贮存提花程序，再用衢线牵引经丝开口，花本是提花机上贮存纹样信息的一套程序，它由代表经线的脚子线和代表纬线的耳子线根据纹样要求编织而成。上机时，脚子线与提升经线的纤线相连，此时，拉动耳子线一侧的脚子线就可以起到提升相关经线的作用。织造时上下两人配合，一人为挽花工，坐在1米高的花楼上挽花提综，一人踏杆引纬织造。其形制如图11-46所示。

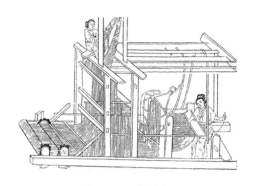

图11-46　提花机

3. 缫车

缫丝所用的器具，按其操作方式可分为手摇和脚踏两种类型。手摇缫车其结构系由灶、锅、钱眼（作用是合并绪丝）、锁星（导丝滑轮，并有消除丝缕上类节的作用）、添梯（使丝分层卷绕在丝框上的横动导丝杆）、丝钩、丝軿、车架等部分组成，缫前，须将茧锅里的丝先穿过集绪的"钱眼"，绕过导丝滑轮"锁星"，再通过横动导丝杆"添梯"和送丝钩，绕在丝軿上，缫时，需两人合作，一人投茧索绪添绪，一人手摇丝軿；脚踏缫车，是在手摇缫车的基础上发展起来的，其结构系由灶、锅、钱眼、缫星、丝钩、軿、曲柄连杆、足踏板等部分配合而成，与手摇缫车相比只是多了脚踏装置，即丝軿通过曲柄连杆和脚踏杆相连，丝軿转动不是用手拨动，而是用脚踏动踏杆作上下往复运动，通过连杆使丝軿曲柄作回转运动，利用丝軿回转时的惯性，使其连续回转，带动整台缫车运动。各种形制的缫车如图 11-47、图 11-48 所示。

图 11-47　手摇缫车

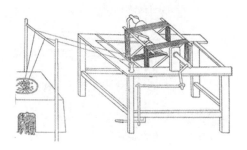

图 11-48　脚踏缫车

4. 丝籰

也称籰子，复摇和络丝过程中卷绕生丝用的框架，通常用木、竹制成，形似放风筝用的线车子，它的结构和用法是两根或六根竹箸由短辐交互连成，中贯以轴，手持轴柄，用手指推籰使之转动，便可将丝线绕于籰上，作用相当于卷绕丝绪的筒管。其形制如图 11-49 所示。

图 11-49 丝籰

5. 络车

是将缫车上脱下的丝绞转络到丝籰上的机具，它有南北络车之分，南北络车都用张丝的"柅"和卷绕丝线的"籰"，但丝上籰的方式两者却是大不相同。北络车是用右手牵绳掉籰，左手理丝，绕到籰上；南络车则是用右手抛籰，左手理丝，绕到籰上。将缫车上脱下的丝胶，张于"柅"上，"柅"上作一悬钩，引丝绪过钩后，逗于车上。其车之制，是以细轴穿籰，放于车座上的两柱之间。两柱一高一低，高柱上有一通槽，放籰轴的前端，低柱（上有一孔）放籰轴的末端。绳兜绕在籰轴上，手拉绳一引一放，则籰轴随转，丝于是就络在籰上了。各种形制的络车如图 11-50、图 11-51、图 11-52 所示。

图 11-50 络车

图 11-51　南络车

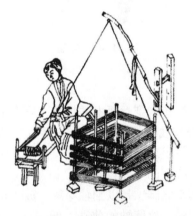

图 11-52　北络车

6. 经架

古代整经用的工具，也叫"经具"或"纼床"。整经形式分经耙式和轴架式两种。经耙式牵经工具的整体结构由溜眼、掌扇、经耙、经牙、印架等几部分结合而成，整经时，首先排列许多丝篗于"溜眼"的下面，把丝篗上的丝分别穿过"溜眼"和"掌扇"，而总于牵经人之手，理捊就绪，再交给另一牵经人，该人来回交叉地把丝缕挂于经耙两边经牙上，直到达到需要的长度后，将丝缕取下，卷在印架上，卷好以后，中间用竹杆两根把丝分成上下两层，然后穿过梳箅与经轴相系，如要浆丝，就在此时进行，如不浆丝，就直接卷在经轴上；轴架式整经是将丝篗整齐排列在一有小环的横木下，引出丝绪穿过小环和掌扇绕在经架上（经架的形制是两柱之间架一大丝框，框轴固连一手柄），一人转动经架上手柄，一人用掌扇理通纽结经丝，使丝均匀地绕在大丝框上后，再翻卷在经轴上。其构造如图 11-53、图 11-54 所示。

图 11-53　轴架式整经

图 11-54　经耙式整经

7. 纺车

是采用纤维材料如毛、棉、麻、丝等原料，通过人工机械传动，利用旋转抽丝延长的工艺生产线或纱的设备，纺车通常有一个用手或脚驱动的轮子和一个纱锭。有手摇纺车、脚踏纺车、大纺车等几种类型。

（1）手摇纺车。也称"轩车""纬车"和"繀车"，通常是由木架、锭子、绳轮和手柄四部分组成，还有一种是锭子装在绳轮上的手摇多锭纺车。常见的手摇纺车是锭子在左，绳轮和手柄在右，中间用绳弦传动，被称为卧式纺车，另一种手摇纺车，则是把锭子安装在绳轮之上，也是用绳弦传动，被称为立式，卧式由一人操作，而立式需要二人同时配合操作。各种形制的手摇纺车如图 11-55、图 11-56 所示。

图 11-55　卧式手摇纺车

图 11-56　立式手摇纺车

（2）脚踏纺车。脚踏纺车是在手摇纺车的基础上发展起来的，其结构由纺纱机构和脚踏部分组成，纺纱机构与手摇纺车相似，脚踏机构由曲柄、踏杆、凸钉等机件组成，踏杆通过曲柄带动绳轮和锭子转动，完成加捻牵伸工作。其形制如图 11-57、图 11-58 所示。

图 11-57　脚踏纺车

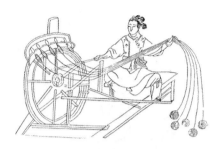

图 11-58　五锭脚踏纺车

（3）大纺车。按其驱动方式可分为人力和水转两种类型。人力大纺车其结构由加捻卷绕、传动和原动三部分组成，原动机构是一个和手摇纺车绳轮相似的大圆轮，轮轴装有曲柄，需专人用双手来摇动；水转大纺车，主要用于加工麻纱和蚕丝，其原动机构为一个直径很大的水轮，水流冲击水轮上的辐板，带动大纺车运行，大纺车上锭子数多达几十枚，加捻和卷绕同时进行，它具备了近代纺纱机械的雏形。各种形制的大纺如图 11-59、图 11-60 所示。

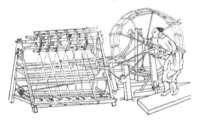

图 11-59　人力大纺车

图 11-60　水力大纺车

8. 线拐子

一种用来缠线的工具，其功能与络车相似，一般用来理顺织布用的线，其形制如图 11-61 所示。

图 11-61　线拐子

9. 棉搅车

又叫"轧车"，一种棉花去籽工具，它是在最原始的轧花工具铁杖或铁筋骨的基础上发展起来的，按其构造可分为框式无足搅车、四足搅车、三足搅车。框式无足搅车，它是我国最早的轧棉机，又叫"木棉搅车"，是黄道婆改良创制的，车上安装二轴，用手摇动，二轴向相反方向转动，二轴中间喂入棉花，互相挤压，棉籽即被挤出落入内侧，净棉从二轴间通过，落于外侧，这种工具需 3 人同时操作，方能连续轧棉；四足搅车是在无足搅车的基础上改进的，这种搅车由一人手足并用的操作；三足搅车，也称"脚踏轧花机"，其构造更先进与前两种搅车，机身上半部的曲柄与圆木棍相连，另有一根铁棍与木架相连，机身的下半部为外撇的三脚架，三脚之间的横木上安踏板，脚踏板可带动铁棍转动，与手柄转动的木棍互相倾轧，即可将棉花中的棉籽除去。各种形制的搅车如图 11-62、图 11-63、图 11-64、图 11-65 所示。

图 11-62　搅棉车

图 11-63　古代赶棉

图 11-64　手摇轧棉车

图 11-65　脚踏轧棉车

10. 弹弓

弹棉花的工具，按其结构可分为小弓、椎弓、吊弓、箱式弓。小弓是线弦竹弧的小竹弓，力量轻微，用手指拨弹；椎弓长约四尺，竹弧绳弦，因其弓身较长，需用弹椎击弦代替手拨弦，弹椎一般采用檀木制成，两头隆起如哑铃状，弹棉时两头轮流击弦；吊弓，又称"悬弓"，它是在椎弓的基础上改进的，其弓身为木质，采用蜡丝做弦，这种弹弓弓背宽，弓首延长，弹棉花时用一根竹竿把弹弓悬起来，以减轻操作者左手持弓的负担；箱式弓，也叫"弹花车"，工作时用牲畜带动机械将棉花放在箱子里进行弹棉花。各种形制的弹弓如图11-66、图11-67、图11-68所示。

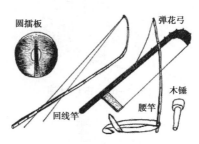

图11-66　弹弓构件

图11-67　吊弓

图11-68　箱式弓

11. 麻绳纺制工具

有纺线槌、纺经车、合绳器等。

（1）纺线槌。又叫"拨拉槌""拨槌子""拨楞槌"，是纺制纳鞋底、串盖帘等所用细绳专用的工具。较原始的纺线槌，是用猪腿骨或牛小腿骨做的，后来多为木制或铁制，其形制为貌似尖部连在一起的两个圆锥体，中间立着一个顶端带钩的金属（铁、铜）或竹子小棍，打绳子时，将麻皮拴到中间的小棍上，再把纺线槌悬挂起来，一边转动纺线槌，一边续麻皮，一根麻经很快就拧成了。各种形制的纺线槌如图 11-69、图 11-70 所示。

图 11-69　木制纺线槌

图 11-70　骨制纺线槌

（2）纺经车。一种制作绳子半成品的木制的纺绳工具，由底座和转轮两部分组成，工作时，一手续麻，一手摇轮，重复运作，即可纺出合成麻绳所需要的半成品绳经。其形制如图 11-71 所示。

图 11-71　纺经车

（3）合绳器。也叫"八角车子"，一种纺制粗绳的专用工具，是把麻批子或棕子绞成坯绳，然后再合成多股绳子的器具，此器具由两组机构组成。工作时，一头是固定的，一头是在地面滑动的，固定的一头，把两根钢钎砸进地面，用于固定安装木制机构，把半成品的小股绳束挂在固定机构的钩子上，做好挂绳工作后，两人分别坐在固定机构和滑动机构的后面，分别摇动长长的摇杆，曲柄绳钩同时各自转动，单股的绳束和成组的绳子各自扭着劲转动。其形制如图 11-72 所示。

图 11-72　合绳器

12. 轧花机

常用的有皮辊轧花机和锯齿轧花机两类。皮辊轧花机，是利用摩擦系数较大的皮辊表面沾附和带动棉纤维，从而达到与棉子分离的目的，其结构简单，不易轧断棉纤维，适用于加工细绒棉、长绒棉和成熟度较差的籽棉，常用的机型有冲刀式和滚刀式两种；锯齿轧花机，利用高速旋转（圆周速度 12～13 米/秒）的圆盘锯片通过肋条间隙钩拉棉花纤维，使之与棉籽分离的机械，有毛刷式和气流式两种类型，其主要工作部件有喂花辊、清花机构、轧花工作箱、轧花肋条、锯片圆筒、毛刷滚筒或气流吸嘴、集棉箱等，籽棉经成对配置的喂花辊喂入清花机构，然后进入轧花机前箱，被拨棉辊抛向锯片，铃壳等大杂物漏下，子棉被锯齿钩住带入轧花工作箱，锯片迅速旋转，带动相互牵引的籽棉形成转动的子棉卷，锯齿钩住纤维转动，通过相邻轧花肋条间隙后，棉纤维被毛刷滚筒（或气流）刷下，并送入集棉箱，棉籽被肋条挡住，沿两锯片之间的肋条面下移，经棉籽梳排出机外。各种形制的轧花机如图 11-73、图 11-74 所示。

图 11-73　皮辊式轧花机

图 11-74　锯齿式轧花机

13. 弹花机

按其功能可分为小型弹花机、普通弹花机、精细弹花机、可调宽幅弹花机等。

（1）小型弹花机。是在 20 世纪 60 年代生产的弹花机，其弹花部位由 3 对木鼓组成，每对皆分为内外鼓，形如半圆，内鼓外面钉有锯条 50 根，外鼓里面钉有锯条 40 根，内鼓装在外鼓里面，安有铁轴可以转动，动力亦依靠人力踏动脚踏板，传动机构由大小飞轮、皮带盘、皮带、齿轮、滚轴等组成。工作时，先将皮棉平铺在机体盖上，用滚轴带住，然后工人踏动踏板，全机开始转动，皮棉由滚轴带入机内，依次经过 3 对内外鼓，经锯条摩擦后皮棉即弹松成为絮棉，随竹廉从出棉口出来，经压棉杖轻压，成为薄絮片，全过程除最初铺棉用手工外，其余均在机内完成。其构造如图 11-75 所示。

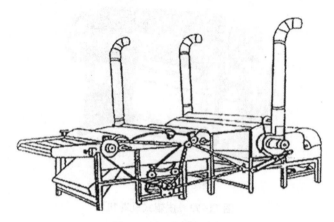

图 11-75　小型弹花机

（2）普通弹花机。是由 20 世纪 60 年代生产的弹花机改进而成的，加入了吸尘功能，而且还大大地降低了设备的声音，同时加入罗拉（粗罗拉且带螺纹），提高了设备的安全与稳定性。其原理是由刺辊高速旋转达到开松的目的，适宜加工皮棉、古棉、化纤（布）、纱头、旧衣裤等纤维及其制品。其形制如图 11-76所示。

图 11-76　普通弹花机

（3）精细弹花机。集合多款弹花机梳棉机优点于一身，它有一次成型，开松梳理棉花，耗电低，占地小等特点。精细弹花机梳理成型的棉被有柔软、疏松、贴身等特点，通过精细弹花机加工的纤维无损伤，且生产的棉胎纤维均匀地相互交黏着，制作好的棉胎不易分家。其形制如图 11-77 所示。

图 11-77 精细弹花机

（4）可调宽幅弹花机。它在延续了上一代弹花机所有优点的同时，又新加了更人性化的功能，可以调节出棉宽度、大木筒卷棉压揉、风机吸尘为一体的棉胎加工的专用机械。该机具有结构简单、自动化程度高、棉幅调节灵活等特点，适用于各种皮棉、旧棉被胎、短化纤等物品的清弹和开松。其形制如图 11-78 所示。

图 11-78 调幅弹花机

14. 梳理机

用以梳理棉、麻纤维，清除尘屑等杂质，并制成一定规格卷装的机械。常用的有梳棉机、梳麻机、梳绒机等。各种形制的梳理机如图 11-79、图 11-80 所示。

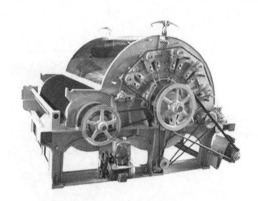

图 11-79　梳棉机

图 11-80　梳麻机

15. 揉棉机

　　一种改人工手握揉盘局部揉棉为整床棉絮全面积整体揉棉的棉絮加工设备。其形制如图 11-81 所示。

图 11-81　揉棉机

16. 清棉机

亦称"清弹机""开棉机""开清棉机",一种用来排除棉花中的杂质并将皮棉疏松滚压成片的机器。其形制如图 11-82 所示。

图 11-82　清棉机

17. 剥绒机

从轧花后的棉子上剥取残留短绒的机械。其类型较多,有锯齿剥绒机、磨料剥绒机、化学脱绒设备等。应用较多的是锯齿剥绒机,其构造和工作过程与锯齿轧花机类似,有毛刷式和气流式两种,但锯片间距较小,利用锯齿锋利的刃口从棉子上刮削短绒,为了促使棉子转动,在剥绒工作箱内装有旋转的拨子辊。磨料剥绒机由若干块金刚砂组成的砂瓦工作面和叶片辊筒组成,在辊筒离心力和叶片的推动作用下,棉子紧贴金刚砂磨料的弧形表面移动,短绒被金刚砂粒的边棱剥下,由气流经吸绒送至集绒装置。锯齿剥绒机形制如图 11-83 所示。

图 11-83　锯齿剥绒机

18. 麻类剥制机具

将成熟麻类作物的茎叶加工制成麻皮、原麻或粗纤维的机具，不同的麻类作物的剥制加工工艺不同，使用的机具种类各异。黄麻和红麻用剥皮机剥下麻皮，经沤制后用洗麻机洗制成麻纤维；苎麻用剥麻机将麻皮从麻茎上剥下并刮去外壳，或将手工剥下的麻皮用刮麻器刮去外壳，制成原麻；龙舌兰麻等叶纤维作物是用刮麻机把纤维从叶片上分离；亚麻和大麻用碎茎机、打麻机或碎茎打麻联合机把沤浸晒干后的干麻茎剥制成纤维，再用梳麻机清除麻屑等杂质。各种形制的剥制机具如图11-84、图11-85所示。

图11-84　刮麻机

图11-85　直喂式苎麻剥麻机

四、木材加工工具

我国在石器时代已经以石为刃，刳木为舟，开始了木材加工的历史；商周时期，出现了锯条的雏形；到了春秋战国时期，木工工具已经有了铁质的斧、锛等，相传在这个时期鲁班发明了墨斗、刨子、曲尺、凿、钻等多种木工工具；沿至现在，木工工具已是多种类型，基本木工工具由手动工具、电动工具和气动工具有三大类。

1. 手动工具

包括量具、划线工具、锯子、刨子、凿子、钻子、羊角锤、锉刀、斧、锛等多种。

（1）量具。以各种工具尺为主，有钢卷尺、钢直尺、曲尺、活络角尺、卡尺、三角尺、丁字尺、尺杆子等。钢卷尺，用于下料和度量部件，常选用2米或3米的规格（其形制如图10-12所示）；钢直尺，用于榫线、起线、槽线等方面的画线，常选用150~500毫米的（其形制如图10-4所示）；曲尺，一边长一边短的直角尺，古时人们把曲尺（或叫角尺、方尺）和圆规称作规矩，曲尺可用于下料划线时的垂直划线，用于结构榫眼、榫肩的平行划线，用于制作产品角度衡量的是否正确与垂直，还用于加工面板是否平整等，它有木制的、钢制的、铝制的，是木工画线的主要工具，其规格是以尺柄与尺翼的长短比例而确定的，小曲尺200：300毫米，中曲尺250：410毫米，大曲尺400：630毫米；活络角尺，角度可调，可以调到任意角度，有金属和木质的，主要画特殊角度的线；三角尺，是等边直角三角尺，一边带后座，主要画直角和45°角；皮尺，皮盒布尺（其形制如图10-11所示），长度10~50米，现在已经被可量5~50米长度的钢卷尺取代；卡尺，长度200~500毫米，多用于量钻头之类的比较精确的物品（其形制如图10-13所示）；丁字尺，丁字形，传统木工曾大量使用刻度为寸的木制丁字尺，现多用金属制成的；水平尺，有木制、铁制、铝制，长度10~100毫米，主要量水平和垂直；尺杆子，一般为木制，可折叠，折叠后约2米，它是没有卷尺时代的产物（其形制如图10-9所示）。各种形制的量具如图11-86、图11-87、图11-88、图11-89、图11-90所示。

图11-86 老式木制尺

图 11-87　钢角尺

图 11-88　活络角尺

图 11-89　三角尺

图 11-90　丁字尺

（2）画线工具。有木工铅笔、木工圆规、画线规、墨斗、划子、卷尺、直尺等。其中墨斗，多用于木材下料，可以用墨斗作圆木锯材的弹线，或调直木板边棱的弹线，还可以用于选材拼板的打号弹线；划子，取材于水牛角，锯削成刻刀样形状，它是配合墨斗用于压墨拉线和画线的工具；卷尺，常用于下料和度量部件；直尺，用于榫线、起线、槽线等方面的画线。各种形制的化线具如图 11-91、图 11-92、图 11-93 所示。

图 11-91　墨斗

图 11-92　画线器

图 11-93　圆规

（3）锯子。是用来把木料锯断或锯割开的工具。锯子有多种形制、多种规格，有框锯、刀锯、槽锯、板锯、狭手锯、曲线锯、钢丝锯等。框锯，又名"架锯"，它由工字形木框架、绞绳与绞片、锯条等组成，锯条两端用旋钮固定在框架上，并可用它调整锯条的角度，绞绳绞紧后，锯条被绷紧，即可使用，框锯按锯条长度及齿距不同可分为粗、中、细 3 种，粗锯锯条长 650～750 毫米，齿距 4～5 毫米，主要用于锯割较厚的木料，中锯锯条长 550～650 毫米，齿距 3～4 毫米，主要用于锯割薄木料或开榫头，细锯锯条长 450～500 毫米，齿距 2～3 毫米，主要用于锯割较细的木材和开榫拉肩。刀锯，由锯刃和锯把两部分组成，可分为单面、双面、夹背刀锯等，单面刀锯锯长 350 毫米，一边有齿刃，根据齿刃功能不同，可分纵割和横割两种，双面刀锯锯长 300 毫米，两边的齿刃一般是一边为纵割锯，另一边为横割锯；夹背刀锯锯板长 250~300 毫米，锯背上用钢条夹直，锯齿较细，有纵割和横割锯之分。槽锯，由手把和锯条组成，锯条约长 200 毫米，主要用于在木料上开槽。板锯，又称"手锯"，由手把和锯条组成，锯条长约 250~750 毫米，齿距 3~4 毫米，主要用于较宽木板的锯割。狭手锯，锯条窄而长，前端呈尖形，长度约 300~400 毫米，主要用于锯割狭小的孔槽。曲线锯，又名"绕锯"，它的构造与框锯相同，但锯条较窄，在 10 毫米左右，主要是用来锯割圆弧、曲线等部分。钢丝锯，又名"弓锯"，它是用竹片弯成弓形，两端绷装钢丝而成，钢丝上剁出锯齿形的飞棱，利用飞棱的锐刃来锯割，钢丝长约 200~600 毫米，锯弓长 800~900 毫米，主要用于锯割复杂的曲线和开孔。各种形制的锯子如图 11-94、图 11-95、图 11-96、图 11-97 所示。

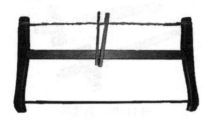

图 11-94　框锯

图 11-95　刀锯

图 11-96　钢丝锯

图 11-97　板锯

（4）刨子。是用来对木材表面进行刨削并使其光滑、平直的工具。刨子有许多种形制，最常用的为平刨。平刨是用于刨出木料平面的，平刨按刨身长短可分为长、中、短 3 种，刨身越长，越能将材料刨得平直，通常使用较多的是中刨，除平刨外，还有用于刨削各种异形的小刨，如刨凹槽的槽刨，刨圆弧形的内圆刨和外圆刨，刨阶梯面的止口刨以及用于刨削各种曲面形状的外圆刮刨和内圆刮刨刨子，还有刨削家具线脚的线刨。各种形制的刨子如图 11-98、图 11-99、图 11-100 所示。

图 11-98　线刨

图 11-99　平刨

图 11-100　圆刨

（5）凿子。有平凿、圆凿、斜刃凿等形制。平凿，又称"板凿"，凿刃平整，一般用来凿方孔，其规格有多种；圆凿，有内圆凿和外圆凿两种，凿刃呈圆弧形，用于凿圆孔或圆弧形状，规格有多种；斜刃凿，凿刃是倾斜的，用于倒棱或剔槽。各种形制的凿子如图 11-101 所示。

图 11-101　各式凿子

（6）钻子。用来钻孔的木工工具，常用的钻子有牵钻、手钻、弓摇钻和手摇钻，其中弓摇钻适用于钻较大的孔，这些钻子都可以通过更换钻头来改变钻孔大小。各种形制的钻子如图 11-102、图 11-103、图 11-104 所示。

图 11-102　牵钻

图 11-103　弓摇钻

图 11-104　手摇钻

　　（7）羊角锤。木工通常用的敲击工具，羊角锤又可用来拔钉，也用来将钉子冲入木料中。其形制如图 11-105 所示。

图 11-105　羊角锤

　　（8）锉刀。用于对钢、铁、竹、木表层做微量加工的多用工具。按其用途不同可分为普通锉、特种锉和整形锉（什锦锉）3 类。普通锉按锉刀断面的形状又分为平锉、方锉、三角锉、半圆锉和圆锉五种，平锉用来锉平面、外圆面和凸弧面，方锉用来锉方孔、长方孔和窄平面，三角锉用来锉内角、三角孔和平面，半圆锉用来锉凹弧面和平面，圆锉用来锉圆孔、半径较小的凹弧面和椭圆面；特种锉用来锉削零件的特殊表面，有直形和弯形两种；整形锉（什锦锉）适用于修整工件的细小部位，有许多各种断面形状的锉刀组成一套。各种形制的锉刀如

图 11-106 所示。

图 11-106　各式锉刀

（9）锛子。一种用来削平木料的工具，柄与刃具相垂直呈丁字形，刃具扁而宽，使用时向下向里用力。其形制如图 11-107 所示。

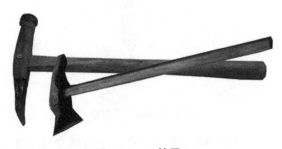

图 11-107　锛子

（10）斧子。用来砍削木料的工具，有单刃斧（见图 1-15）和双刃斧两种类型。单刃斧的斧刃在斧的一边，角度比较小，只能向一边砍，但砍时容易吃料，容易砍直；双刃斧的斧刃在中间，可以自左或右两面砍劈木材，方便灵活，但不如单刃斧能吃料。双刃斧其形制见图 11-108 所示。

图 11-108　双刃斧

2. 电动工具

常用的有电锯、电钻、电刨、砂磨机和雕刻机等。

（1）电锯。又名"动力锯"，分固定式和手提式，锯条一般是用工具钢制成，有圆形、条形以及链式等多种。各种形制的电锯如图 11-109、图 11-110 所示。

图 11-109　手提式电链锯

图 11-110　台式圆形电锯

（2）电钻。利用电做动力的钻孔机具，可分为手电钻、冲击钻、锤钻。手电钻，功率最小，使用范围仅限于钻木和用作电动改锥，部分手电钻可以根据用途改成专门工具，其用途及型号较多；冲击钻，其冲击机构有犬牙式和滚珠式两种；锤钻，也叫"电锤"，可在任何材料上钻洞，使用范围最广。各种形制的电锯如图 11-111、图 11-112、图 11-113 所示。

图 11-111　手电钻

图 11-112 冲击钻

图 11-113 锤钻

（3）电刨。是木工使用的主要机具之一。主要用于各种木材的平直表面刨光，有短刨和粗刨之分。粗刨主要用于平直木料表面的刨光，并可加工相对较大的板面刨光；短刨除用于板面刨光外，还可与各种导板配合进行刨削企口、边框和开槽等。各种形制的电刨如图 11-114、图 11-115 所示。

图 11-114 手提式电刨子

图 11-115 台式电刨子

（4）砂磨机。主要用于各种木饰面涂漆前的磨光，也可用于腻子涂层的表面磨光，有带式砂磨机与平板砂磨机等多种类型。带式砂磨机主要用于快速磨光木制构件和木制品，平板砂磨机常用于家庭装修中面积较大的如木地板等磨光。各种形制的砂磨机如图 11-116、图 11-117 所示。

图 11-116　平板砂磨机

图 11-117　带式砂磨机

（5）雕刻机。也称"槽刨"或"修边机"。可在各种木制品与构件上进行开槽、开榫、打眼、裁口、铣刻、修边作业，也可用在铝合金、塑钢等轻金属材质上进行简单的裁口、铣刻、勾槽和修边等作业，如铝合金（或塑钢）门窗、晾台框架、家具框架等均可使用此机具，它是现代家庭装修工程中常用的电动工具之一。其形制如图 11-118 所示。

图 11-118　木工雕刻机

3. 气动工具

常用的有磨光机和打钉机等。

（1）气动磨光机。也称"风磨机"。它是利用 0.4～0.6MPa 或 0.6～0.8MPa 的压缩空气为动力进行磨光的，品种型号很多，如板式磨光机、盘式磨光机等。板式气动磨光机是将砂纸或砂布卡紧在机身的底板上，工作时利用压缩空气为动力在平整的木制品表面进行白木磨光或腻子层磨光，但不适于异形物面的磨光；盘式磨光机既可用于金属表面的锈蚀磨光，也可用于腻子磨光、砂蜡和光蜡抛光等。各种形制的砂磨机如图 11-119、图 11-120 所示。

图 11-119　板式磨光机

图 11-120　盘式磨光机

（2）打钉枪。简称"钉枪"。气动打钉枪有很多种类，如气动板条打钉枪、气动打钉枪、卷钉打钉枪、U 形钉打钉枪、无头钉钉钉枪、无头钉多用途钉钉枪等。各种形制的打钉枪如图 11-121、图 11-122 所示。

图 11-121　卷钉打钉枪

图 11-122　U 形钉打钉枪

五、草编工具

草编在我国由来已久，早在周代已开始利用蒲草编席，发展至今，已使用并传承下来多种手工加工工具，在机械化产品高速发达的今天，草编加工也实现了机械化，各种机具被广泛应用于草编行业中。

1. 手工草编工具

种类繁多，形制各异，常用的有加工席子、草筐、草垫等所用劈刀子、川子、碾子，编制草鞋用的草鞋耙、草鞋捶、草鞋杠，编制条筐、篓子、簸箕所用的劈刀、铁锥、切刀、角梭等。各种形制的草编工具如图 11-123、图 11-124、图 11-125 所示。

图 11-123　碾子、劈刀、川子

图 11-124　草鞋耙、草鞋杠

图 11-125　角棱、劈刀、切刀、铁锥

2. 草编机具

以草类、条类以及竹子等作为材料进行编制的机械化半机械规划机具，常用的有草编和条编两大类别。

（1）草编机。以苇草、蒲草、黄草、苏草、席草（水毛花）、金丝草、龙须草、马蔺草等作为编织材料的编制机具，其种类繁多，形制多样，常用的有草帘机、草绳机、草袋机等。各种形制的草编机具如图 11-126、图 11-127、图 11-128所示。

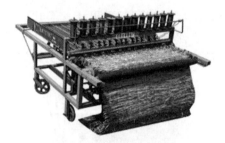

图 11-126　草帘机

图 11-127　草袋机

图 11-128 草绳机

（2）条编机。以柳条、荆条、蜡条、槐条、竹条等作原料的编制机具，常用的有切条机、插条机、竹帘机、破竹机、面席机等。各种形制的条编机具如图11-129、图 11-130所示。

图 11-129 竹帘机

图 11-130 破帘机

六、酿造工具

包括制酒、制醋以及酱油酿造等有关工具。传统的工具主要是煮料、发酵、储存、搅拌用的尊、甑、釜、锅、缸、瓮、耙等器具，各种工具因其用途及制作技术等方面的原因，其用材也各有所别，如今酿造行业实行工厂化运作，其生产工具也相当发达，传统的酿造工具已基本淘汰，伴随酿造流水化作业的是各种先进的装备设施。各种形制的酿造工具如图 11-131、图 11-132、图 11-133、图 11-134、图 11-135、图 11-136 所示。

图 11-131　古代铜釜

图 11-132　古陶尊

图 11-133　木酒耙

图 11-134　古蒸馏铜锅

图 11-135 储藏瓮

图 11-136 发酵缸

七、榨油工具

　　传统的手工榨油坊，其"主机"是一根硕大的"油槽木"，辅助工具有铁锅、油锤、碾子等。新中国成立后，随着内燃机、电动机带动机械液压油榨的广泛推广，传统的榨油工具逐渐被取代，后随着工厂化作业的推进，越来越多的新型机具在榨油行业得到应用。各种形制的榨油工具如图 11-137、图 11-138、图 11-139、图 11-140、图 11-141 所示。

图 11-137 油槽木

图 11-138　新型卧式榨油机

图 11-139　全自动榨油机

图 11-140　新型立式榨油机

图 11-141　高效精虑榨油机

1. 油槽木

是由一根整木凿成的榨槽，长度一般为 5 米左右，切面直径不小于 1 米，在其中心凿出一个长 2 米，宽约 40 厘米的"油槽"，油胚饼填满装在"油槽里"，开榨时，操作悬吊在空中的大油锤，不断地撞到油槽中"进桩"上，将油胚饼挤榨出油，然后经油槽中间的小口流出。

2. 榨油机

形制多样，种类繁多，可分为液压榨油机、螺旋榨油机、新型液压榨油机、高效精滤榨油机、全自动榨油机。液压榨油机，又称"水压机"，它属静态制油，出油率低，单机能小，设备榨油机多而占地面积大，车间需保温，操作条件差，但因制油具有构造简单、省动力的优点，应用于一些零星分散油料（如米糠、野生油料）以及需要保持特殊风味或营养的油料（如可可豆、油橄榄、芝麻等）的磨浆液压制油，此外，还可用于固脂肪或蜡糠的压榨分离；螺旋榨油机，具有连续化处理量大、动态压榨时间短、出油率高、劳动强度低等优点，其工作过程是利用螺旋轴螺旋导程的缩小或根圆直径逐渐的增大，使榨膛空间体积不断缩小而产生压榨作用，榨出的油脂从榨笼缝隙中挤压流出，同时将残渣压成屑状饼片，从榨轴末端不断排出；新型液压榨油机，是在水压榨油机的基础上改进的，其单机用电非常少，占地只有几平方米，且与计算机控制器相连，实现了生产的自动化，这种榨油机继续保持了水压榨油机的构造简单，使用寿命长的优点，所产的油品香味浓于一般榨油机；高效精滤榨油机，采用多级加压推进的原理，增大了榨膛压力，为了避免挤出的油脂再次回浸到干枯的饼渣之中，还在榨膛内侧设计了导油槽，能使油、饼迅速分离，并提高出油率；全自动榨油机，除了进料外，基本不需要其他操作，制动控温，真空过滤，操作简单，占地面积少，出油率高。

八、肉制品工具

最早的肉制品加工工具是出现于原始社会的石板、石块（鹅卵石）及陶器釜、鼎；夏朝青铜冶炼、铸造技术的发展，为肉制品技术的发展提供了铜鼎、铜刀等器具；秦汉时期，用上了导热性能适中的铁制鼎、斧、刀、勺、铲、钳以及铜灶、铁炭炉等加工工具；魏、晋、南北朝时期，制作工具有了很大改进，出现了单底釜和铜火锅；隋唐五代时期，铁锅、铁灶都有一定的改进，铁锅加了双耳，灶也出现了泥风灶、小缸灶、小红炉等；宋、辽、金元时期，炉灶有了更新的改进，出现了镣炉；民国时期，引进国外先进的加工技术，随之出现了构造简单的绞肉机、烟熏炉、灌肠机等机具；新中国成立后，肉制品加工逐步从手工作坊发展到工业化、科学化、现代化的规模生产，传统的加工工具也同时被真空斩拌机、真空灌肠机、真空滚揉机、连续式烟熏炉及各种不锈钢用具、工具、模具等现代化的机具取代。各种形制的肉制品加工工具如图11-142、图11-143、图11-144、图11-145、图11-146、图11-147、图11-148、图11-149、图11-150、图11-151、图11-152、图11-153、图11-154、图11-155、图11-156所示。

图11-142　陶釜

图11-143　陶鼎

图 11-144　铁鼎

图 11-145　铜炉

图 11-146　铁炭炉

209

图 11-147　铜火锅

图 11-148　木炭熏炉

图 11-149　老式绞肉机

图 11-150 新式手摇绞肉机

图 11-151 电烤炉

图 11-152 电动绞肉机

图 11-153 真空斩拌机

图 11-154 真空灌肠机

图 11-155 真空滚揉机

图 11-156　连续式烟熏炉

九、面食加工

我国面食加工历史悠久，品种繁多，其加工工具也有许多。最早的面食加工工具出现在新石器石代，当时人们利用石磨加工的面粉取石板作炊具制作粉状食品；到了春秋战国时期，随着小麦种植面积较大，以及冶铁业的发展，有效地推动了面食加工工具的创新发展；到秦汉时期，已用上了能适应蒸、煮、烤、炸、煎、烙等熟制技术的铁制锅、炉灶、平底釜（锅）、鏊和蒸笼、笊篱、炊帚、风箱、炉灶等辅助工具；唐代开始使用案板和厨刀、案板、擀面杖、面模、剪刀等工具；明、清时期，中式面食大都已定型，各面食的风味，流派也已形成，加上中外文化交流与发展，西式面点开始传入中国，我国的面食已达到相当高的水准，其加工工具也得到了大发展。自新中国成立以来，随着面食业的不断发展，出现了更多先进的加工工具，和面机、压皮机、馒头机、面条机、包子机、蒸饭柜、电烤箱、电饼铛、煎饼机、电鏊子等先进设备成为当今面食加工的主流工具。

1. 锅

古代称"釜"，用来烹煮食物的器具。多为铁制，古代还用陶制、铜制，到了近代又有了铝制、不锈钢、搪瓷等材料制成的。因其用途不同，锅的种类也很多，过去用来做饭的多是无耳的五印、六印、七印、八印、九印、十印铁锅，用来炒菜的多是小号的耳朵铫子；现在做饭多用电饭锅、高压锅等，炒菜多用不锈钢、铸铁等材质的炒锅，砂锅、搪瓷锅也成为厨房炖煮的重要用具。各种形制的锅具如图 11-157、图 11-158、图 11-159、图 11-160、图 11-161、图 11-162、图 11-163、图 11-164、图 11-165、图 11-166、图 11-167、图 11-168、图 11-169、图 11-170 所示。

图 11-157　古代陶锅

图 11-158　古代青铜锅

图 11-159　古代铁锅

图 11-160　近代大铁锅

图 11-161　耳朵铫子

图 11-162　铝锅

图 11-163　不锈钢锅

图 11-164　电饭锅

图 11-165　电压力锅

图 11-166　搪瓷锅

图 11-167　压力锅

图 11-168 铁炒锅

图 11-169 瓷炒锅

图 11-170 砂锅

2. 平底釜

一种平底的饭锅，尺寸大小不等，一般用于煎、烙食物。古为陶、铜、铁等材质制作，有带耳的，也有不带耳的；现多是用铁、铝、不锈钢等制成，有带耳的，也有不带耳的，还有带把的。各种形制的平底釜如图 11-171、图 11-172、图 11-173、图 11-174、图 11-175 所示。

图 11-171　古铁制平底釜

图 11-172　铝制平底锅

图 11-173　铁制平底锅

图 11-174　不锈钢平底锅

图 11-175　铁制平底锅

3. 鏊子

一种烙饼的炊具，平面圆形，中间稍凸。它有多种材质，古代有石鏊、陶鏊、青铜鏊，春秋战国出现了铁鏊，并一直延续到现在，近年来煎饼机、电鏊子、电饼铛的应用使传统的铁鏊子渐渐退出历史舞台。各种形制的鏊子如图 11-176、图 11-177、图 11-178、图 11-179 所示。

图 11-176　铁鏊子

图 11-177　煎饼机

图 11-178　电鏊子

图 11-179　电饼铛

4. 蒸笼

一种蒸制食物的器具，多为圆形，现在又有了蒸柜上使用的方形蒸笼，其尺寸大小不等。古代有陶制（称甑），还有竹制的；现在以竹制为多，还有采用金属制作的。各种形制的蒸笼如图 11-180、图 11-181、图 11-182、图 11-183 所示。

图 11-180　陶蒸笼（甑）

图 11-181　竹蒸笼

图 11-182　不锈钢蒸笼

图 11-183　方形蒸笼

5. 笊篱

也称漏勺，用来捞取食物的传统烹饪器具，它能使被捞的食品与汤、油分离，主要用于捞饺子、捞面或捞米，其材质有竹编的、也有用金属丝编的，现在多是采用铝或不锈钢片打眼制成，有的是采用不锈钢丝制作的。其形制如图 11-184、图 11-185、图 11-186、图 11-187、图 11-188 所示。

图 11-184　柳编笊篱

图 11-185　竹编笊篱

图 11-186　铁丝笊篱

图 11-187　铝漏勺

图 11-188 不锈钢漏勺

6. 炊帚

又称"饭帚"，一种用来洗锅的工具，一般用高粱糜子制成，也有用棕丝、竹条、塑料制作的。其形制如图 11-189、图 11-190 所示。

图 11-189 高粱糜子炊帚

图 11-190 竹丝炊帚

7. 风箱

一种用来鼓风，使炉灶火旺盛的木制工具，由木箱、活塞、活门构成。其形制如图 11-191 所示。

图 11-191　风箱

8. 炉灶

一围住受控制火力（如木柴、煤、油料、煤气、电所发出的）的烹饪装置，在面食加工操作上常常用于熟制环节。用柴草、煤炭做燃料的多是用土石、砖等砌成的泥风灶，还有采用铜、铁铸成的金属风灶，这两类灶多与风箱配套使用，如今农村仍有使用；油料、煤气、电作燃料的都为金属制成，其中的煤气灶、电灶已成为当今主流灶具。各种形制的炉灶如图 11-192、图 11-193、图 11-194、图 11-195、图 11-196、图 11-197、图 11-198、图 11-199 所示。

图 11-192　泥风灶

图 11-193　铁风灶

图 11-194　电炉灶

图 11-195　铁炉灶

图 11-196　柴油炉灶

图 11-197　蜂窝煤灶

图 11-198　煤气炉灶

图 11-199　电磁炉灶

9. 厨刀

是人类生活中不可缺少的烹饪用具，在面食加工操作上常常用于生面切割等环节。厨刀的发展经历了从古石制到现代钢铁制造的演变过程，原始社会古人类用石头、蚌壳、兽骨等材料打制的刀具，其后随着人类文明的进步，青铜、铁、钢、不锈钢等材料制作的刀具陆续出现在厨房作业中。厨刀其形制多样，种类繁多，通常根据用途进行区别，按其功能分菜刀、砍刀、多用刀、刨皮刀、水果刀、擦刀、剪刀等类别，各种形制的厨刀如图11-200、图11-201、图11-202、图11-203、图11-204、图11-205、图11-206、图11-207、图11-208、图11-209、图11-210、图11-211、图11-212所示。

图11-200　古石刀

图11-201　贝壳刀

图11-202　兽骨刀

227

图 11-203　古铜刀

图 11-204　古铁刀

图 11-205　老式擦丝刀

图 11-206　钢铁合金菜刀

图 11-207 不锈钢砍刀

图 11-208 不锈钢多用刀

图 11-209 水果刀

图 11-210 塑料擦丝刀

图 11-211　刨皮刀

图 11-212　剪刀

10. 案板

炊事中用于揉面、切肉菜的垫板，过去多以木制为主，现在有木制、塑料制、竹制、钢化玻璃制等多种类型，案板大小不等，形制有别。用于面食加工的面板多为长方形且形制较大；用于切肉菜的虽然小于面板，但一般比面板要厚，从形状上来说它既有长方形，也有圆形的。各种形制的案板如图 11-213、图 11-214、图 11-215、图 11-216、图 11-217、图 11-218、图 11-219 所示。

图 11-213　木面板

图 11-214 竹面板

图 11-215 钢化玻璃面板

图 11-216 木菜墩

图 11-217 竹菜墩

图 11-218　竹菜板

图 11-219　塑料菜板

11. 擀面杖

擀面用的木棍，它是我国很古老的一种用来压制面条的工具，一直流传至今，是民间制作面条、饺子皮、包子皮、馄饨皮、面饼不可缺少的工具，因用途不同，擀面杖有粗有细、有短有长，长的一般用来滚动擀面条、擀饼，短的多用于擀水饺、包子皮子。按其用途分为单手杖、双手杖、橄榄杖、花擀杖、走槌等，擀面杖过去多用石材、木材制成，现在还有不锈钢等材料制成的。各种形制的擀面杖如图 11-220 所示。

图 11-220　各式擀面杖

12. 面模

制作各种花色面食的模具，利用它可以做出各种造型的面食，这种模子在早期是用黑灰色土陶烧制的，后来是用梨木和枣木料雕刻出来的，新中国成立后曾出现过塑料模子，现使用的多是木制模子。模具因其用途不同，其花纹图案也有差别，常用的有莲蓬、鱼、桃、蝉、狮、猴等造型。各种形制的模具如图 11-221、图 11-222、图 11-223、图 11-224 所示。

图 11-221　陶制鱼模

图 11-222　陶制桃模

图 11-223　木制莲蓬模

图 11-224　木制喜模

13. 和面机

也叫"和粉机"或"搅拌机"，它是一种将面粉和水进行均匀混合的面食机械，现已广泛应用于馒头、面包、蛋糕等食品加工行业和酒店、家庭等中。和面机由搅拌缸、搅勾、传动装置、电器盒、机座等部分组成，有真空式和面机和非真空式和面机，按其形制可分为卧式、立式、单轴、双轴、半轴等类型。各种形制的和面机如图 11-225、图 11-226 所示。

图 11-225　卧式和面机

图 11-226　立式和面机

14. 压皮机

专业用于制作饺子、包子、馄饨等皮子的面食机械，它有多种类型，按其用途可分为自动压皮机和手动家用压皮机。各种形制的压皮机如图 11-227、图 11-228 所示。

图 11-227　家用压皮机

图 11-228　自动压皮机

15. 馒头机

一种用于生产馒头的面食机械，它有多种类型，按其成型情况可分为方形馒头机和圆形馒头机。其形制如图 11-229、图 11-230 所示。

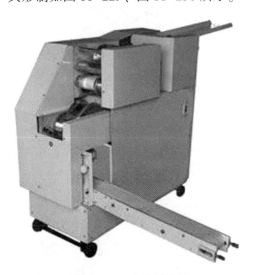

图 11-229　方形馒头机

图 11-230　圆形馒头机

16. 面条机

是将面粉经过面辊相对转动搅拌形成必要的韧度和湿度挤压成面条的面设备，按其用途可分为家用小型面条机和全自动大型面条机。其形制如图 11-231、图 11-232、图 11-233 所示。

图 11-231　手摇面条机

图 11-232　自动面条机

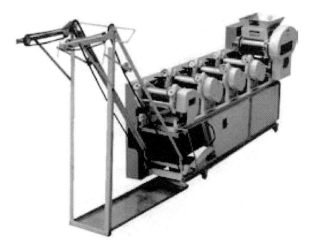

图 11-233　大型全自动面条机

17. 包子机（饺子机）

是一种把和好的面团跟拌好的馅料放进机器，加工制作包子或饺子的食品机械，广泛应用于家庭、饭店、食堂、学校、企事业单位和快餐以及饺子、包子加工行业中。其形制如图 11-234、图 11-235 所示。

图 11-234　小型手摇饺子机

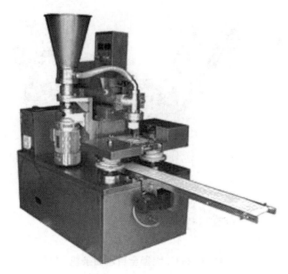

图 11-235　全自动包子机

18. 蒸饭柜

又称蒸饭车、蒸饭机或蒸饭箱。是利用电、燃气发热，蒸制馒头、包子、米饭等食物的机械，按加热方式可分为燃气蒸饭柜、电热蒸饭柜、电热蒸汽两用蒸饭柜。常用的蒸饭柜有单门、双门、三门等类型。其形制如图 11-236、图 11-237 所示。

图 11-236　单门蒸柜

238

图 11-237 双门蒸柜

19. 电烤箱

又称"烘箱"，是利用电热元件所发出的辐射热来烘烤食物的电热器具，可以制作面包、糕点以及肉类等。一般为封闭或半封闭结构，主要有立式和卧式两种款式。其形制如图 11-238、图 11-239 所示。

图 11-238 小型卧式烤箱

图 11-239 大型立式烤箱

十、淀粉制品工具

我国有千余年的粉条、粉丝、粉皮生产历史，传统的生产工具有粉碎豆类、薯类和杂粮等原料的石碾、石磨、擦床，有制作用的大盆、大锅、漏瓢、木槌、旋子，还有晾晒用的秫秸篦子；自从机械化工具用于粉条、粉丝、粉皮生产以来，随着科学技术的发展，也经历了多次更新换代，早期以锤瓢机、和面机、抽空机为主，20世纪70—80年代又有了自熟式机械钢丝面机，90年代以来先后用上了蒸汽式粉条机以及数控粉条（丝）、粉皮机和凉皮机。各种形制的工具如图11‒240、图11‒241、图11‒242、图11‒243、图11‒244、图11‒245、图11‒246、图11‒247所示。

图11‒240　漏瓢

图11‒241　旋子

图11‒242　秫秸篦子

图 11-243　粉条机

图 11-244　蒸汽式粉皮机

图 11-245　数控粉丝机

图 11-246　数控粉皮机

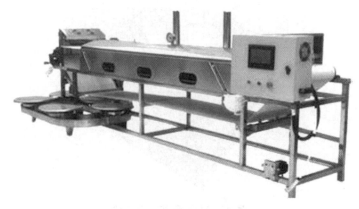

图 11-247　多功能凉皮机

十一、制盐工具

　　我国制盐历史悠久，其发展经历了由原始手工生产、手工机械生产到机械化、现代化生产的过程。在 5 000 多年前，就开始刮取海滨咸土，淋卤煎盐，在开发的最初阶段，制盐工具以陶器瓦罐、瓦锅为主；自春秋战国以来，从开凿大口盐井、长途输卤、普及煮海到滩晒，制盐工具逐步增多，传统的手工工具煎盘、熬锅、木桶、木锨、铁锨、铁铲、耙子、石辊、碌碡、手夯、刮板、扫帚、扁担、杠子、抬筐、水斗、簸箕、绳索、手推车等，半机械化的工具有风车、水车等。新中国成立后，随着制盐技术上的发展，制盐行业在开采、钻井、汲水、晒制、收盐、集运、堆坨等主要操作工序逐步实现了机械化，抽水机、塑苫收放机、扒泥机、压池机、活碴机、联合收盐机、翻斗车、吊盐车（装载机）、打坨机等得到广泛应用。各种形制的制盐工具如图 11-248、图 11-249、图 11-250、图 11-251、图 11-252、图 11-253、图 11-254、图 11-255、图 11-256、图 11-257、图 11-258、图 11-259 所示。

图 11-248　古代煮盐场景

图 11-249　古代井盐汲卤水、
运卤水场景

图 11-250　古代海盐晒制场景

图 11-251　煮盐盔形陶器

图 11-252　手夯

图 11-253　刮板

图 11-254　石辊

图 11-255　起盐耙

图 11-256　活碴机工作场景

图 11-257　机械化收盐场景

图 11-258　压池机

图 11-259　打坨机工作场景

第十二章

盛装工具

　　盛装工具，是盛装粮食、食品、水、粪土、化肥、家畜家禽等所用的有关农具。在《齐民要术》中，有关盛装工具的记述出现在卷二、卷三、卷四、卷六、卷七、卷八、卷九中，涉及箪、瓮、韦囊、筐、布袋、篮、笼、钵、碗、盆等工具。

　　究其盛装工具的沿革，我们以《齐民要术》所涉及的这些工具为研究主题，经分析考证分类，以图文并茂的形式整理出以下内容：

　　早期的盛装工具是以石材、木材、竹材、藤条、柳条、棉槐条、陶土、作物秸秆等材料制作的罐、坛、瓮、缸、槽、箪、囤、袋（囊）、笼、桶、盆、钵、碗、篮、篓、筐、食盒、畚箕、笾子等工具。自新中国成立以来，随之科学技术的不断发展，许多利用传统材料制作的盛装工具被逐渐淘汰，陆续出现了如塑料、铝材、搪瓷、不锈钢、橡胶等新材料制作的盛装工具。

一、罐

　　俗称"罐子"，是盛东西或汲水用的大口器皿，过去多为陶瓷制品，还有部分为木制品，现在也有用玻璃制成的。常用于盛装汤、菜、酱、蜜、糖、茶、水、杂粮等，其形制多样，有带鼻的、无鼻的、陶土的、瓷土的。各种形制的罐子如图12-1、图12-2、图12-3、图12-4、图12-5所示。

图 12-1　二鼻陶罐

图 12-2　无鼻陶罐

图 12-3　木罐

图 12-4　四鼻瓷罐

图 12-5　玻璃罐

二、坛

也叫"坛子"，一般指用陶土做胚子烧成的用来腌制菜品或盛放物品的器物，其肚子大、口小、底小，体积比罐子大。各种形制的坛子如图 12-6、图 12-7、图 12-8、图 12-9、图 12-10 所示。

图 12-6　陶土坛子

图 12-7　酒坛

图 12-8　酱坛

图 12-9　腌菜坛子

图 12-10　氨水坛子

三、瓮

一种陶制的小口大腹容器，其体积比坛子大，常用于盛装水、酒等。各种形制的瓮如图 12-11、图 12-12 所示。

图 12-11　小口瓮

图 12-12　大口瓮

四、缸

　　用陶土、石材、水泥沙子等材料制作的底小口大的盛物器具，其容积比瓮大，常用于盛装粮食、水、酱菜、酒等。各种形制的缸如图 12-13、图 12-14、图 12-15 所示。

图 12-13　石缸

图 12-14　水泥缸

图 12-15　陶瓷缸

五、槽

一种盛装盛牲畜饲料的长条形器具，有木制、石制的，还有水泥混凝土制作的。其形制如图 12-16、图 12-17 所示。

图 12-16　石槽

图 12-17　木槽

六、囤

又称"囤子"，是农村或粮库盛装农作物或粮食的一种器具，由上下两部分构成，上半部为茅草苦子所制，下半部分在古时一般用泥土、作物秸秆或棉槐条、荆条、柳条制成，近代又有了铁皮和水泥混凝土制造的。各种形制的囤子如图 12-18、图 12-19、图 12-20、图 12-21 所示。

图 12-18　泥囤

图 12-19　高粱秸囤

图 12-20　苇席囤

图 12-21　棉槐条囤

七、袋

用布、皮等材料制做的盛东西的器物，有布袋、麻袋、塑料袋、胶皮袋、纸袋之分。布袋，是用布缝制的袋状容器，常用于盛装面粉、杂粮等，其较长的布袋俗称"口袋"，通常用帆布缝制，古时人们还将装有物品的口袋称作"囊"；麻袋，用粗麻布做成的用以储存或装运货物，如谷物、水果、煤炭、肥料的大口袋子；塑料袋，用聚丙烯、聚乙烯制作的盛物袋子，常用于盛装水果、蔬菜、面粉、粮食、化肥、煤炭、水泥等；胶皮袋，采用橡胶或聚乙烯、聚丙烯等材料制成，常用于盛装水、液体肥料；纸袋，有白卡纸、白板纸、铜板纸、牛皮纸之分，常用的是盛装水泥、肥料的牛皮纸袋。各种形制的袋子如图 12 - 22、图 12-23、图 12-24、图 12-25 所示。

图 12-22　帆布口袋

图 12-23　麻袋

图 12-24　塑料编织袋

图 12-25　聚乙烯水袋（水囊）

八、笼

用竹篾、木条或金属丝等编插而成的盛物器具，常用于盛装鸡、鸭、兔子、鸽子等。各种形制的笼子如图 12-26、图 12-27、图 12-28 所示。

图 12-26　竹兔笼

图 12-27　竹鸡笼

图 12-28　铁笼

九、桶

用来盛水或其他东西的器具，其深度较大，一般用木材、金属或塑料等制成，多是圆柱形的，也有上粗下细的，还有方形的，常用于盛装水、油、粮食等。旧时多是木制的，后来有了铁制、铝材制造的，现在多是塑料制做的。其形制如图 12-29、图 12-30、图 12-31、图 12-32、图 12-33、图 12-34、图 12-35、图 12-36、图 12-37 所示。

图 12-29　木桶

图 12-30　木桶

图 12-31　木桶

图 12-32　铁桶

图 12-33　喷嘴铁水桶

图 12-34　塑料桶

图 12-35　塑料水桶

图 12-36　塑料桶

图 12-37　铁油桶

十、篮

有提梁的篮子，有竹编、条编、草编、塑编等类型，其用途广泛，常用于盛装瓜果、蔬菜、玉米、地瓜等。各种形制的提篮如图 12-38、图 12-39、图 12-40、图 12-41、图 12-42 所示。

图 12-38　竹篮

图 12-39　棉槐条篮

图 12-40　荆条篮

图 12-41　草篮

图 12-42　塑编篮

十一、篓

也叫"篓子"，是用竹篾、荆条、蜡条、苇篾、槐条、塑料、金属等材料编成的盛器，有长形、圆形、方形等多种形制，使用方法有用肩背的，有用车载的，还有用人抬的。通常用于盛装玉米、地瓜、土豆、水果、蔬菜、食油、酒、鱼虾以及粪土等。各种形制的篓子如图12-43、图12-44、图12-45、图12-46、图12-47、图12-48、图12-49、图12-50、图12-51、图12-52、图12-53所示。

图12-43 条编油篓

图12-44 竹编鱼虾篓

图12-45 竹圆篓

图12-46 条编花式篓

图 12-47 条编方篓

图 12-48 条编圆篓

图 12-49 条编挎篓

图 12-50 条编长篓

图 12-51　藤背篓

图 12-52　竹背篓

图 12-53　塑编背篓

十二、筐

用竹子、柳条、棉槐条、荆条、蜡条、作物茎叶及塑料等编成的盛东西的圆形器具，与同口径的篓相比容积要小、深度要浅，各种形制的筐如图 12-54、图 12-55、图 12-56、图 12-57、图 12-58、图 12-59 所示。

图 12-54 棉槐条筐

图 12-55 柳条筐

图 12-56 竹条筐

图 12-57 竹篾筐

图 12-58 玉米皮筐

图 12-59 蜡条筐

十三、盆

俗称"盆子",用来盛放物品的钵状容器,早期以铜质、陶质、木质、铁质为主,后来增加了搪瓷、铝材、塑料、不锈钢等多种类型。常用于盛装水、米面、酱,古时还用其做煮饭的用具,现在还用于栽种花卉的,其容积及深浅也有多种规格。各种形制的盆子如图 12-60、图 12-61、图 12-62、图 12-63、图 12-64、图 12-65、图 12-66、图 12-67、图 12-68、图 12-69、图 12-70 所示。

图 12-60 铜盆

十四、钵

洗涤或盛放东西的器具,形状像盆且比盆小,用来盛饭、菜、茶水等,也做

图 12-61　陶盆

图 12-62　陶盆

图 12-63　花陶盆

图 12-64　陶花盆

僧人食器，有陶制、铁制、铜制、木制等类型。其形制如图 12-71、图 12-72、图 12-73 所示。

图 12-65　木盆

图 12-66　铁盆

图 12-67　搪瓷盆

图 12-68　铝盆

图 12-69　不锈钢盆

图 12-70　塑料盆

图 12-71　陶钵

图 12-72　陶钵

图 12-73　木钵

十五、碗

　　传统的饮食器具，它的历史绵延几千年，自从有了人类的文明史就有了碗的历史，原始社会使用泥质陶碗，其形状与当今无多大区别，即口大底小，碗口宽而碗底窄，下有碗足，高度一般为口沿直径的1/2，多为圆形，极少方形。商周时代上流社会饮食用的青铜簋也属碗之范围，故在东汉晚期以前碗有多种造型，名称也有很多种，自东汉晚期出现瓷碗以来，一直沿用至今，期间虽然其质料、工艺水平和装饰手段不断变化，但其形制基本没有多大变化，名称也未更改，各种形制的碗如图12-74、图12-75、图12-76、图12-77、图12-78、图12-79、图12-80、图12-81、图12-82、图12-83、图12-84、图12-85 所示。

图 12-74　古陶碗

十六、瓢

　　我国古代民间常用的葫芦干壳做成的一种舀水的器具，也叫"水舀子"，它即可舀水，也可用来盛米、盛面、盛酒、盛药，后来逐步发展到采用木材、金属、塑料等材料制作，其形制也随着用材的变化得到了很大改进。其形制如图12-86、图12-87、图12-88、图12-89、图12-90、图12-91、图12-92、图12-93、图12-94 所示。

图 12-75 青铜簋

图 12-76 古瓷碗

图 12-77 古黑瓷碗

图 12-78 古白瓷碗

图 12-79 古花瓷碗

图 12-80 搪瓷碗

图 12-81 瓷碗

图 12-82 不锈钢碗

图 12-83　仿瓷碗

图 12-84　玻璃碗

图 12-85　塑料碗

图 12-86　大葫芦瓢

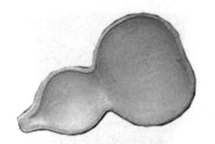

图 12-87　小葫芦瓢

图 12-88　长把葫芦瓢

图 12-89　铜水舀

十七、杓

也叫"杓子"，古时通"勺"字，一种舀东西的用具，据传最早是民间栽培的叫杓子的植物果实做成的舀食物、水的生活用具，因其柄长，又叫长勺，后改用铜铁铸造，又陆续有了搪瓷、铝、不锈钢、塑料、瓷、木、仿瓷等材料制成的，按其形制还有汤勺（大勺）、调羹（小勺）之分。各种形制的勺子如图 12-95～图 12-106。

274

图 12-90　木水舀

图 12-91　铁水舀

图 12-92　铝水舀

图 12-93　塑料水舀

图 12-94　不锈钢水舀

图 12-95　古铜勺

图 12-96　古铜调羹

图 12-97　古瓷调羹

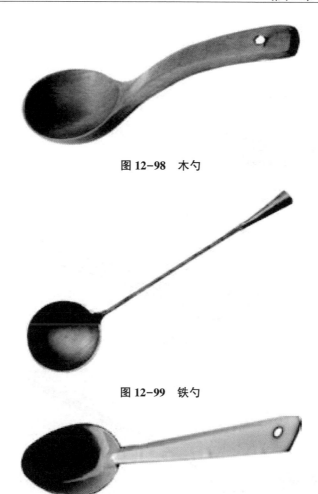

图 12-98　木勺

图 12-99　铁勺

图 12-100　瓷调羹

十八、盘（桸）

　　也称"盘子"，用来盛菜或其他食物的敞口扁浅器具，一般为圆形的，常见的还有椭圆形、方形、六角、八角、花瓣等形制的，较小的通常被称之为"碟子"。盘子是在瓷器发达以后才出现的，后来也有了用金属做的，现在用于盘子的材质更为广泛，瓷盘、搪瓷盘、不锈钢盘、木盘、仿瓷盘、水晶盘、玻璃盘多样类别，从外形看有带图案的，也有光面的。各种形制的盘子如图12-107、图12-108、图 12-109、图 12-110、图 12-111、图 12-112、图 12-113、图12-114、图12-115、图12-116、图12-117、图12-118 所示。

图 12-101 铝勺

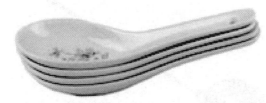

图 12-102 瓷调羹

图 12-103 不锈钢勺

图 12-104 仿瓷勺

图 12-105　不锈钢调羹

图 12-106　塑料调羹

图 12-107　古青花瓷盘

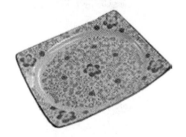

图 12-108　古方瓷盘

图 12-109　古长瓷盘

图 12-110　搪瓷盘

图 12-111　陶瓷圆盘

图 12-112　陶瓷花叶盘

图 12-113　不锈钢圆盘

图 12-114 仿瓷圆盘

图 12-115 木圆盘

图 12-116 陶瓷茶盘

图 12-117 塑料果盘

十九、食盒

用以盛放食品、食具或礼物的器具，一般采用木制或竹制，其形制有大有小、有方有圆，大的一般是两人抬，小的可一人手提，古时人们把圆形的竹制食盒称作"筥"。食盒在过去常用于红白公事，现在已很少使用。各种形制的食盒如图 12-119、图 12-120、图 12-121 所示。

图 12-118　玻璃果盘

图 12-119　双人抬木食盒

图 12-120　手提方形木食盒

二十、畚箕

一种用来撮垃圾、粪土、粮食的器具，有木制、竹制的，还有条编的和作物秸秆制作的，也有铁质或塑料制成的。各种形制的畚箕如图 12-122、图 12-123、图 12-124 所示。

图 12-121 手提圆形竹食盒

图 12-122 竹畚箕

图 12-123 铁畚箕

二十一、笾子

也叫"埍子",是用竹篾、腊子木、藤条或柳条等做成的盛物器具,也是一种衡器。按其衡量所盛谷物的容积的多少,又分三笾子、五笾子、斗笾子等。它形同篮子,只是更加精致细密,可盛装米面粮食、馒头鸡蛋,也可装饼干点心、盘杯碗盏。其形制如图 12-125、图 12-126 所示。

图 12-124　塑料畚箕

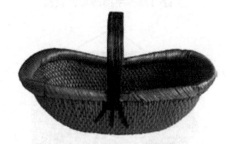

图 12-125　柳编三筅子

图 12-126　柳编五筅子、斗筅子

第十三章

其他工具

历史上，用于农业的工具可谓不计其数，除以上 12 节《齐民要术》涉及并归类介绍的工具以外，还有多种工具未列其中。常用的有农民用于劳动保护的工具，用于造房砌墙的工具，自 20 世纪 80 年代以来，随着温室大棚在农牧业生产上的推广，越来越多的温室大棚工具得到广泛应用。

就这些常用工具，我们以图文并茂的形式整理出以下内容。

一、劳保工具

用于劳动保护的工具，传统的劳保工具有斗笠、蓑衣、垫肩、蒲团等，现代劳动保护工具有安全帽、安全带、手套、靴鞋、头盔、面罩等。

1. 斗笠

挡雨遮阳的器具，大约出现于公元前 5 世纪初，一直在民间沿用，它有很宽的边沿，按其材质区别有箬笠、草笠、毡笠、雨笠等多种称谓。箬笠，即竹笠，又称箬帽，以箬（一种细竹）的叶或篾制成；草笠，以草梗编成，其中芦苇质的称苇笠，香蒲质的称蒲笠；毡笠，以毛毡片制成；雨笠，雨林地带采用当地棕皮、棕毛编结的大斗笠，其形制有圆顶、尖顶、圆边、角边之分。各种形制的斗笠如图 13-1、图 13-2、图 13-3、图 13-4、图 13-5 所示。

2. 蓑衣

用草、棕、稻草制成的遮雨用具，一般与斗笠配套使用，大约在唐朝以前就

图 13-1　圆斗笠

图 13-2　圆苇笠

图 13-3　圆雨笠

图 13-4　圆竹笠

图 13-5　六角苇笠

为民间使用，常见的有能遮住上下身的大蓑衣，也有上衣和下裙分制的蓑衣，一般用棕编制的蓑衣比较薄，遮雨效果差，用蓑草编制的蓑衣一般比较厚，还有衣袖，遮雨效果很好，还可保暖。后来由于化纤产品雨衣的出现，蓑衣自 20 世纪 70 年代用得越来越少，现在基本绝迹。各种形制的蓑衣如图 13-6、图 13-7 所示。

图 13-6　稻草蓑衣、竹斗笠

图 13-7　棕丝蓑衣、竹斗笠

3. 垫肩

是过去人们推车、扛东西必备的护肩用品，一般是采用白细布做外套，也有用短绒布或小帆布的，内里续着棉花、麻絮等。其形制的如图 13-8 所示。

图 13-8　帆布垫肩

4. 蒲团

以蒲草或作物叶、皮、茎秆等编织而成之的扁平坐具，其种类颇多，以圆形为多，还有方形和长形的，有厚至一二十厘米的多层蒲团，也有薄为几厘米的单层蒲团，其形制如图 13-9、图 13-10 所示。

图 13-9　单层玉米皮蒲团

图 13-10　多层草蒲团

5. 现代劳保工具

安全帽、安全带、手套、靴鞋、口罩、眼罩等新式工具，常用于农田喷药、浇水、施肥以及施工、运输等活动中。各种形制的劳保工具如图 13-11、图 13-12、图 13-13、图 13-14、图 13-15、图 13-16 所示。

图 13-11　安全帽

图 13-12　防护手套

图 13-13　高空安全带

图 13-14　防护眼罩

图 13-15　靴鞋

289

图 13-16 防护口罩

二、造房砌墙工具

用于造房砌墙的工具，传统的工具有石夯、泥瓦刀、泥板、苫耙、坯模等，现在泥瓦刀、泥板仍有使用，石夯已被电夯所取代，因建设用材的改进，苫耙、坯模已经淘汰。

1. 石夯

砸地基用的石制工具，一般四个侧面都是上窄下宽的梯形（有的形制近似碌碡），上面的四方形边长 30 余厘米，底部的四方形边长 40 余厘米，高不足 1 米，其上部四个面都有一条几厘米宽、几厘米深的凹槽，用四根木棍子镶嵌进四面的凹槽里，伸出夯体几十厘米呈"井"字形，用铁丝在四角两棍交叉处绑扎固定牢固，供四面八人双手抬夯使用，夯其造型也有采用棱或圆柱形石头凿孔制成的。各种形制的石夯如图 13-17、图 13-18、图 13-19 所示。

图 13-17 打夯

图 13-18　古代扁夯

图 13-19　锥形夯

2. 泥瓦刀

一种钢铁制成的瓦工用具，其形体小于菜刀，但厚度是菜刀的二三倍，可进行砍砖、嵌缝等作业。其形制如图 13-20、图 13-21 所示。

图 13-20　铁瓦刀

图 13-21　钢瓦刀

3. 泥板

一种用来抹墙面、地面的瓦工用具，过去以铁制、木制为主，现在主要是采用钢、塑料等材质制成。其形制如图 13-22、图 13-23、图 13-24 所示。

图 13-22　钢泥板

图 13-23　铁泥板

图 13-24　木泥板

4. 苫耙

用来苫屋草的木制工具，由耙杆、耙头两部分组成，耙杆为长约 1 米的方形木条，耙头为长约 40 厘米、宽约 30 厘米的长方形木板，耙头的一面有固定耙杆的木鼻子，使用时将耙杆串入其中，也可卸掉耙杆使用。其形制如图 13-25 所示。

图 13-25　苫耙

5. 坯模

用于制作土坯、砖坯的模子。土坯模子大小不一，一般按其所用材料决定大小，用麦糠、麦秸、野草与泥土、水混合制坯的模子长约 60 厘米、宽约 40 厘米，用湿土制坯的模子长有 1 米多、宽约 40 厘米，用灰土制砖的模子单个的长约 30 厘米、宽约 10 厘米，砖模还有两个或多个联体的。各种形制的坯模如图 13-26、图 13-27 所示。

图 13-26　砖坯模

图 13-27　大土坯模

三、温室大棚工具

常用的有卷帘机、开窗通风机、卷膜器、保温被、草帘子以及微灌滴灌、杀菌消毒等设施。

1. 卷帘机

是用于温室大棚草帘、保温被子自动卷放的农业机械设备，有多种形制，根据安放位置可分为前置式、后置式、侧置式三大类型，根据动力源可分为电动和手动两大类型。各种形制的卷帘机如图 13-28、图 13-29、图 13-30、图 13-31所示。

图 13-28　手摇卷帘机

图 13-29　前置式卷帘机

图 13-30　后置式卷帘机

图 13-31　侧置式卷帘机

2. 开窗通风机

是在温室中使用电力或人工，通过特殊的传动机构将温室顶窗或侧窗开启和关闭的机械系统。常见的有齿轮齿条开窗机、曲柄连杆开窗机、四连杆开窗机、推拉窗机等。其形制如图 13-32 所示。

图 13-32　开窗通风机

3. 卷膜器

是一种微型减速器，用来卷动棚膜，达到放风去湿的目的，分手动、电动两种。具有操作简单，风口大小随意控制，省工省时的优点。其形制如图 13-33、图 13-34 所示。

图 13-33　手动卷膜器

图 13-34　电动卷膜器

4. 保温被

被作为大棚的"棉衣"，在温室大棚生产上应用最早也最广泛的保温被主要是草苫，随着科学技术的不断发展，蒲席、纸被、棉被、毛毡被、防火被、防雨被等保温产品先后得到应用，各种形制的保温被如图 13-35、图 13-36、图 13-37所示。

图 13-35　棉质保温被

图 13-36　毛毡保温被

图 13-37　防雨保温被

参考文献

胡泽学.2010.中国传统农具［M］.北京：中国时代经济出版社.

贾思勰（北魏）.2008.齐民要术［M］.北京：中国书店出版社.

潍坊市农业机械服务公司.1986.潍坊市农机志［M］.潍坊市农业机械服务公司.

周昕.2005.中国传统农具［M］.济南：山东科学技术出版社.

后 记

　　《〈齐民要术〉之农具沿革研究》是作者耗费 8 个月的时间编写的一本科普类书籍，记述自原始耒耜、石犁，终于现代农业机械体系，其中共收录农具 220 多类，穿插农具图片 800 多幅。

　　作者在编写过程当中，为充实编写资料可谓耗费了大量的时间和精力，不但阅读了《齐民要术》《中国传统农具》《潍坊农机志》等大量参考书籍，还多次到国内民俗馆、博物馆参观学习，曾数次驱车到偏远山区拍摄取材，获取了准确翔实的农具信息。

　　书稿的编写过程，虽然非常辛苦，但齐民要术研究会及出版社对书稿的审定，对作者来说更是一种享受，在书稿即将付梓之际，特向《齐民要术》研究会给予的创作平台表示衷心的感谢！

编　著

2016 年 6 月